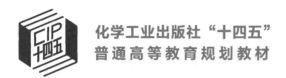

化学工业出版社"十四五"
普通高等教育规划教材

固体废物处理
与处置实验教程

桑文静　主编

U0229154

化学工业出版社

·北京·

内容简介

　　《固体废物处理与处置实验教程》主要选编了固体废物的基础型实验及综合设计型实验两部分，共十二个实验。基础型实验主要包括固体废物的采集、破碎与筛分、基本理化性质测定、焚烧与热解等八个实验；综合设计型实验主要包括风力分选、有害废物的固化稳定化处理、好氧堆肥等四个实验。本实验教材将环境工程学科对应的固废实验系统结合起来，合理调整基础型实验、综合设计型实验的层次比例，着重体现固体废物处理与处置实验体系的基础性、实际应用的现实性和科技创新的动态性。

　　本书可作为高等院校环境工程、市政工程、环境科学等专业学生的实验用书，也可供从事固体废物处理的科研和工程技术人员参考。

图书在版编目（CIP）数据

固体废物处理与处置实验教程/桑文静主编. —北京：
化学工业出版社，2022.12（2025.5 重印）
化学工业出版社"十四五"普通高等教育规划教材
ISBN 978-7-122-42310-8

Ⅰ.①固… Ⅱ.①桑… Ⅲ.①固体废物处理-实验-高等
学校-教材 Ⅳ.①X705-33

中国版本图书馆 CIP 数据核字（2022）第 183084 号

责任编辑：满悦芝　　　　　　　　　　　　　文字编辑：王　琪
责任校对：王鹏飞　　　　　　　　　　　　　装帧设计：张　辉

出版发行：化学工业出版社（北京市东城区青年湖南街 13 号　邮政编码 100011）
印　　装：北京科印技术咨询服务有限公司数码印刷分部
710mm×1000mm　1/16　印张 7¼　字数 118 千字　2025 年 5 月北京第 1 版第 2 次印刷

购书咨询：010-64518888　　　　　　　　　　　售后服务：010-64518899
网　　址：http://www.cip.com.cn
凡购买本书，如有缺损质量问题，本社销售中心负责调换。

定　　价：29.80 元　　　　　　　　　　　　版权所有　违者必究

>>> 前　言

在高等院校本科专业教学过程中，实践技能的培养是很重要的内容。"固体废物处理与处置实验"是高等院校环境、市政、农业生态保护等专业本科生的必修课，也是环境工程专业主要教学环节之一，是实践教学环节中的一个重要组成部分，对本科生能力的培养具有举足轻重的作用。实验教学不但能够加强学生对理论知识的认知，而且很大程度上提高了学生的创新与实践能力以及科学探究等综合素养。随着我国近年来对固体废物的处理与资源化利用逐渐重视，以及对应用型大学建设力度的加大，高等院校对于固体废物处理与处置实验教学愈加重视。本书结合编者多年"固体废物处理与处置实验"教学经验，同时在参考其他教材的基础上，编写而成。

本书分为两部分：第一部分为固体废物的基础型实验，主要包括八个固体废物处理的基础方法实验；第二部分为综合设计型实验，主要包括四个综合设计型实验。本书的实验内容以现有的较为成熟的实用技术为主，基本包括了固体废物的采集、基础性质测定、处理，以及有机废物和电子废弃物的处理与处置等各类技术、方法、仪器、设备和工艺，以实验室小型化和模拟化的手段，实现从理论到实验的过渡。本书编写的目的主要是帮助学生加深对各种固体废物处理与处置技术原理的认识，尝试通过教学使学生初步掌握固体废物处理与处置的基本实验方法和操作技能，提升学生发现、提出、分析和解决问题的能力，了解实验教学在固体废物处理与处置实际应用中的重要作用。

本书由东华大学环境科学与工程学院桑文静副教授主编。编写过程中也得到了课题组硕士研究生的积极参与支持，分别是：东华大学淡乙桐（第二部分实验十一）、王晓霞（第二部分实验十）、刘飞鸿（第二部分实验九）、刁银珠（第一部分实验二、三）、王欢（第一部分实验五、七、八，第二部分实验十二）、苗静（第一部分实验四）、吴明（第一部分实验一）。

本书可作为高等院校环境工程、市政工程、环境科学等相关专业的实验教学用书，也可作为科研、设计及管理人员的参考用书。由于编者水平有限，书中难免存在疏漏之处，敬请各位读者批评指正。

编　者
2022 年 12 月

目 录

第二部分　固体废物的综合设计型实验　69

第一部分

固体废物的基础型实验

生活垃圾样品的采集与组分测定

1.1 实验目的

城市生活垃圾已经成为社会一大公害。为了经济地确定垃圾处理方法，合理地设计垃圾处理设施以及科学地管理垃圾处理系统，掌握垃圾的组成及变化规律是十分重要的，能为生活垃圾更好地减量化、资源化提供依据。而对于特定的固体废物，只有通过采样分析才能确定其具体的组成和特性，从而制订出合理可行的无害化处理处置或资源化利用技术方案。

在固体废物的分析中，采集固体废物样品是一个十分重要的环节。所采集样本的质量直接关系到分析结果的可靠性，特别是在实验室对某些有毒有害物质的分析方法已能达到纳克级高水平的今天，采样可能是造成分析结果变化的主要原因，在某种情况下，它甚至起着决定性作用。为满足实验或分析的要求，还必须对采集的样品进行一定的处理，即固体废物的制样。

通过本实验，希望达到以下目的：

① 了解国家当前垃圾分类措施；

② 了解固体废物采样和制样的目的和意义；

③ 学习采样点布设方法，掌握固体废物的采样、制样的基本方法；

④ 学习并掌握生活垃圾组成的测定方法，估算各成分比例；

⑤ 分析固体废物的性质及分析需要，学会制订采样和制样的方案。

1.2 实验材料及工具

1.2.1 实验材料

宿舍区、教学区、餐厅和公共场所收集的生活垃圾。

1.2.2 采样工具

(1) 电子天平；

(2) 剪刀；

(3) 铁锹；

(4) 竹夹；

(5) 橡胶手套；

(6) 小铁锤；

(7) 15mm 网目分选筛。

1.3 实验原理

根据《生活垃圾采样和分析方法》（CJ/T 313—2009），采样点的选择应具有代表性和稳定性。本实验设置采样点为：宿舍区、教学区、餐厅和公共场所。

1.3.1 份样数的确定

根据统计学原理，样品数量由两个因素决定：一是样品中组分的含量和固体废物总体中组分的平均含量间所容许的误差，也就是采样准确度的要求；二是固体废物总体的不均匀性，总体越不均匀，样品数应越多。

(1) 当已知份样间的标准偏差和允许误差时，可按式（1-1）计算份样数：

$$n \geqslant \sqrt{\frac{ts}{\Delta}}$$

(1-1)

式中　n——必要的份样数；

　　　s——份样间的标准偏差；

　　　Δ——采样允许误差；

　　　t——选定置信水平下的概率度。

取 $n \rightarrow \infty$ 时的 t 值作为最初 t 值，以此算出 n 的初值。用对应于 n 初值的 t 值代入，不断迭代。直至算得的 n 值不变，此 n 值即为必要的份样数。

（2）当不知份样间的标准偏差和允许误差时，按照表 1-1～表 1-3 经验确定份样量。

表 1-1　批量大小与最少份样数

批量大小	最少份样数	批量大小	最少份样数
<1	5	≥100	30
≥1	10	≥500	40
≥5	15	≥1000	50
≥30	20	≥5000	60
≥50	25	≥10000	80

注：摘自《工业固体废物采样制样技术规范》（HJ/T 20—1998）。

表 1-2　贮存容器数量与最少份样数

容器数量	最少份样数	容器数量	最少份样数
1～3	所有	344～517	7～8
4～64	4～5	730～1000	8～9
65～125	5～6	1001～1331	9～10
217～343	6～7		

注：摘自德国《生活垃圾特性分析指南》（1989 年）。

表 1-3　人口数量与生活垃圾分析所用最少份样量

人口数量/万人	<50	50～100	100～200	>200
最少份样量	8	16	20	30

1.3.2　份样量的确定

采样误差与样品的颗粒分布、样品中各组分的构成比例以及组分含量有关。因此，当废物组分单一、颗粒分布均匀、污染物成分变化小时，样品量的大小对采样误差影响不大；反之，样品量的大小将明显影响采样的精密度。随着样品量的增加，采样误差降低。

与样品数相同，样品量的增加不是无限度的，样品量的大小主要取决于废物颗粒的粒径上限，废物颗粒越大，均匀性越差，要求样品量也应越大。在采样的设计过程中，可根据切乔特公式计算求得最小样品量：

$$N = KD^{\alpha} \tag{1-2}$$

式中　N——应采集的最小样品量，kg；

　　　　D——废物最大颗粒直径，mm；

　　　　K——缩分系数，废物越不均匀，K值越大，一般取$K=0.06$；

　　　　α——经验常数，根据废物均匀程度和易破碎程度确定，一般取$\alpha=1$。

对于液态废物的份样量，以不小于100mL的采样瓶（或采样器）所盛量为准。除计算法外，实际工作时也可参考表1-4和表1-5选取最小份样量。

表1-4　根据废物最大颗粒直径选取最小份样量

最大颗粒直径/mm	最小份样量/kg	最大颗粒直径/mm	最小份样量/kg
＞150	15	30～40	2.5
100～150	10	20～30	2
50～100	5	5～20	1
40～50	3	＜5	0.5

表1-5　根据生活垃圾最大颗粒直径选取最小样品量

废物最大颗粒直径/mm	最小样品量/kg		废物最大颗粒直径/mm	最小样品量/kg	
	很均匀的废物	很不均匀的废物		很均匀的废物	很不均匀的废物
120	50	200	10	1	1.5
30	10	30	3	0.15	0.15

注：摘自德国《生活垃圾特性分析指南》(1989年)。

1.3.3　采样方法

（1）简单随机采样法

这是一种最基本的采样方法，基本原理是：总体中的所有个体成为样品的概率都是均等的和独立的。在对固体废物中污染物含量分布状况一无所知，或废物的特性不存在明显非随机不均匀性时，简单随机采样法是最为有效的方法。如从沉淀池、贮存池和大量件装容器的固体废物中抽取有限单元采集废物样品时等。

（2）系统随机采样法

这种方法是利用随机数表或其他目标技术从总体中随机抽取某一个体作为第一个采样单元，然后从第一个采样单元起按一定的顺序和间隔确定其他采样单元采集样品。对连续产生的废物、较大数量件装容器存放的废物等常采用此法，有时也用于散状堆积的废物采样。这种方法与简单随机采样法相比，更加简便、迅速、经济，但当废物中某种待测组分有未被认识的趋势或周期性变化时，将影响采样的准确度和精密度。系统随机采样法的采样间隔，可根据份样数和实际批量按下式计算：

$$P \leqslant \frac{V}{n} \text{或} P' \leqslant \frac{t}{n} \text{或} P'' \leqslant \frac{N}{n} \tag{1-3}$$

式中　P——采样单元的质量或体积间隔，kg 或 L；

　　　V——废物产生质量或体积，kg 或 L；

　　　n——按份样数计算公式计算出的份样数或表 1-1～表 1-3 规定的份样数；

　　　P'——采样单元的时间间隔，d；

　　　t——设定的采样时间段，d；

　　　P''——采样单元的件数间隔；

　　　N——盛装废物容器的件数。

采第一个样时，不能在第一间隔的起点开始，可在第一间隔内随机确定。在运送带上或落口处采样，须截取废物流的全截面。所采样品的粒度比例应符合采样间隔或采样部位的粒度比例，所得大样的粒度比例应与整批废物流的粒度分布大致相符。

（3）分层随机采样法

这种方法是将总体划分为若干个组成单元或将采样过程分为若干个阶段，然后从每一阶段中随机采集样品。与简单随机采样法相比，这种方法的优点是：当已知各阶段间物理化学特性存在差异且阶段内的均匀性比总体好时，通过分阶段采样，降低了阶段内的变异。这种方法常用于批量产生的废物和当废物具有非随机不均匀性并可明显加以分区时。最少样品数在各阶段中的分配，可按式（1-4）计算：

$$n_i = \frac{nM_i}{M} \tag{1-4}$$

式中　n_i——第 i 层的样品数；

　　　n——按份样数计算公式计算出的份样数或表 1-1～表 1-3 规定的份样数；

　　　M_i——第 i 层的废物质量，kg；

M——废物总体质量，kg。

阶段可以是体积、质量，也可以是容器个数或产生批次等。分层随机采样法也常用于生活垃圾的分类采样，如不同炊事燃料结构生活垃圾的组成、灰分、热值、渗滤液性质分析等。

（4）多段式采样法

所谓多段式采样法，就是将采样的过程分为两个或多个阶段来进行，先抽取大的采样单位，再从大的采样单位中抽取采样单元，而不像前三种采样方法那样直接从总体中抽取采样单元。需要注意的是，多段式采样法与分层随机采样法是不一样的。分层随机采样法中的"层"的概念，一般是按照一定属性和特征将总体划分为若干性质较为接近的类型、组、群等，再从其中抽取采样单元，因此，分层的意义在于缩小各采样单元之间的差异。而多段式采样法则是由于总体范围太大，难以直接抽取采样单元，从而借助中间阶段作为过渡，即除了最后一个阶段是抽取采样单元外，其余阶段都是为了得到采样单元而抽取的中间单位。多段式采样法常用于对区域生活垃圾产生量、垃圾分类和垃圾组分分析时的采样。每一阶段抽取中间单位的个数，根据采样目的来确定。也可以用式（1-5）计算：

$$n_i \geqslant 3\sqrt[3]{N_0}（小数取整） \tag{1-5}$$

式中　n_i——第二阶段抽取的中间单位个数；

　　　N_0——总体的个数。

（5）权威采样法

这是一种依赖采样者对监测对象的认识（特性结构、抽样结构）和判断以及积累的工作经验来确定采样位置的方法，该方法所采集的样品为非随机样品。尽管该法有时也能采集到有效的样品，但对大多数废物的化学性质鉴别来说，不建议采用这种方法。

综上所述，如果不知道废物的化学污染物性质和分布，则简单随机采样法是最适用的采样方法，随着对废物性质资料的积累，可更多地考虑选用（按所需资料多少的顺序）分层随机采样法、系统随机采样法和权威采样法。各种采样方法既可以单独使用，在特定情况下也可以结合起来使用，如多段式采样法与权威采样法的结合使用等。

1.3.4 采样点和采样操作方法

（1）生活垃圾采样点设置

① 大于 $3m^3$ 的垃圾池（坑、箱）。采用立体对角线布点采样法（图 1-1）。

在等距离（不少于 3 个）点处采集垃圾样品（图 1-2），然后制备成混合样，共10～200kg。

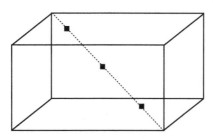

图 1-1　立体对角线布点采样法

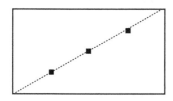 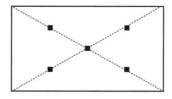

图 1-2　大于 3m³ 的垃圾池（坑、箱）采样点位置

　　② 小于 3m³ 的垃圾箱（桶）。采用垂直分层采样法，层的数量和高度依照盛装垃圾量的多少确定（表 1-6），然后将各层样品按照表 1-6 中对应的各层份样的体积比进行混合制得混合样，每个混合样质量不少于 20kg。

表 1-6　小于 3m³ 的垃圾箱（桶）采样点位置

按容器直径计算的垃圾高度/cm	按容器直径计算的应采集样的间隔高度/cm			按混合样总体积计算的各层样品的体积/%		
	上层	中层	下层	上层	中层	下层
100	80	50	20	30	40	30
90	75	50	20	20	40	40
80	70	50	20	20	50	30
70		50	20		60	40
60		50	20		50	50
50		40	20		40	60
40			20			100
30			15			100
20			10			100
10			5			100

（2）垃圾车

采集当天收运到垃圾堆放场（焚烧厂、填埋场）的垃圾车内的垃圾，在间隔的每辆车内或在其卸下的垃圾堆中采用立体对角线布点采样法在 3 个等距离点采集份样，每份样品不少于 20kg，然后等量混合制备成混合样，混合样为 100~200kg，每次采样不少于 5 车。

（3）垃圾流

在垃圾焚烧厂、堆肥厂的垃圾输送过程中，利用系统随机采样法等时间间隔采集垃圾样品，采样工具的宽度应与输送带宽度相同，并能够接到垃圾流整个横截面的垃圾，每一次间隔内采集的份样品不少于 20kg，混合样为 100~200kg。

1.4　实验步骤

（1）将采集样品进行初筛，筛选出具有代表性的垃圾种类（纸屑、落叶、果皮、塑料等）。

（2）生活垃圾样品总质量记录。

（3）戴上橡胶手套，按垃圾组分进行手工分拣，煤灰渣土用 15mm 网目分选筛进行筛分。

（4）使用已知质量的陶瓷盘，称出各组分质量。

1.5　实验结果与分析

1.5.1　数据分析

（1）填写采样记录表（表 1-7）。

（2）按表 1-8 填入各组分质量。

（3）计算各组分的湿重百分数。

表 1-7 采样记录表

采样时间：＿＿＿＿年＿＿月＿＿日　　　采样地点：＿＿＿＿＿＿＿＿

样品名称		采样人	
份样量		废物来源	
份样数		采样方法	
采样现场描述			
废物产生过程描述			
采样过程描述			
样品可能含有的有害成分			
样品保存方式			

表 1-8 实验数据记录表

组成	易腐物			渣土			废品					
	动物性	植物性	小计	渣砾 >15mm	灰土 <15mm	小计	纸类	纺织类	塑料橡胶类	金属	玻璃	小计
质量/kg												
湿重百分数/%												

1.5.2 注意事项

（1）采样全过程中，防止样品产生任何化学变化和污染。

（2）湿样品应该在室温下自然干燥，使其达到适于破碎、筛分的程度。

1.6 思考与讨论

（1）工业固体废物采样的方法还有哪些？

（2）如何确定固体废物的份样数和份样量？

（3）试叙述城市生活垃圾的组成的变化因素及其变化规律。

（4）论述掌握垃圾的组成和变化规律的重要性。

（5）思考并简述生活垃圾的制样过程。

実験二

固体废物基本物理性质测定

2.1 实验目的

固体废物的基本物理性质包括组分、含水率和容重。组分和含水率会对固体废物的处理处置方法产生影响，因此两者的测定显得尤为重要。容重是选择和设计贮存容器、运输车辆的容积、中转站及处理设施的规模、处置场的库容等必不可少的重要参数。

通过本实验，希望达到以下目的：

① 了解固体废物中水分的存在形式，掌握不同种固体废物中水分的重量法测定方法；

② 了解固体废物容重的基本意义；

③ 掌握固体废物容重的测定方法及原理。

2.2 实验材料及器材

2.2.1 实验材料

实验所用固体废物可根据实际情况选用人工配制的固体废物，也可以是根据实际产生的固体废物。

2.2.2　实验器材

（1）天平；

（2）烘箱；

（3）干燥器；

（4）橡胶手套；

（5）剪刀；

（6）铁锹。

2.3　实验原理

城市生活垃圾的性质主要包括物理、化学、生物化学及感官性质。一般用组分、含水率和容重三个物理量来表示城市垃圾的物理性质。

2.3.1　组分

固体废物的物理组成是指各单一物理组分如食品、废纸、塑料、橡胶、皮革、纺织物、废木料、玻璃等占固体废物总质量的百分比。对于城市生活垃圾物理组成的实验室分析，应用较多的是手工采样分选法。手工采样分选法具有简便、快速、直观、准确的特点。

2.3.2　含水率

固体废物的含水率是指固体废物中所含水分质量与垃圾总质量之比的百分数。用质量分数 W（％）来表示。其计算公式为：

$$W = \frac{m_0 - m}{m_0} \times 100\% \tag{2-1}$$

式中　m_0——新鲜垃圾（或湿垃圾）试样原始质量，kg；

　　　m——试样烘干后的质量，kg。

垃圾的含水率随成分、季节、气候等条件而变化，其变化幅度为 $11\% \sim 53\%$（典型值为 $15\% \sim 40\%$）。据调查，影响垃圾含水率的主要原因是垃圾中动植物含量和无机物含量。当垃圾中动植物的含量高、无机物的含量低时，垃圾含水率就高，反之则含水率低。

2.3.3 容重

固体废物的容重，也叫容积密度，是指垃圾在自然状态下单位体积的质量，一般以 kg/m^3 表示。容重因成分或压实程度的不同而不同，数据波动性较大。各种类型垃圾容重的范围和典型值见表 2-1。

表 2-1 各种类型垃圾容重的范围和典型值 单位：kg/m^3

垃圾种类	范围	典型值
未经压缩的生活垃圾①	90~180	130
未经压缩的园林垃圾	60~150	100
未经压缩的炉灰	650~830	740
经收运车压缩的生活垃圾	180~440	300
填埋场中自然压缩的生活垃圾	360~500	440
填埋场中充分压缩的生活垃圾	600~740	670
压实加工成型的生活垃圾①	600~1070	710
粉碎后未压缩的生活垃圾	120~270	210
粉碎后经压缩的生活垃圾②	650~1070	770

① 不包括炉灰。

② 压力值小于 $690\times10^3\,N/m^2$ 的低压压缩。

2.4 实验步骤

2.4.1 组成

垃圾组成的分析步骤如下。

（1）取垃圾试样 25~50g，按照表 2-2 的分类进行粗分拣。

表 2-2 生活垃圾粗分拣

有机物		无机物		可回收物						其他
动物	植物	灰土	砖瓦、陶瓷	纸类	塑料、橡胶	纺织物	玻璃	金属	木、竹	

（2）将粗分拣后的剩余物过 10mm 筛，筛上物细分拣各成分，筛下物按其主要成分分类，无法分类的为混合类。

（3）分类称量并计算各成分组成，按式（2-2）计算：

$$C_{i(湿)} = \frac{M_i}{M} \times 100\% \qquad (2\text{-}2)$$

$$C_{i(干)} = C_{i(湿)} \times \frac{1 - C_{i(水)}}{1 - C_{(水)}} \qquad (2\text{-}3)$$

式中　$C_{i(湿)}$——湿基某成分含量，%；

　　　M_i——某成分质量，kg；

　　　M——样品总质量，kg；

　　　$C_{i(干)}$——干基某成分含量，%；

　　　$C_{i(水)}$——某成分含水率，%；

　　　$C_{(水)}$——样品含水率，%。

2.4.2　含水率的测定

首先称取烧杯质量，再称取 20g 固废样品，同时记录样品初始质量。将样品置于（105±1）℃烘箱中进行烘干，时间 1h，取出在干燥器中冷却。冷却后称重，再放入烘箱中烘干 15min，至恒重。两次称量相差不超过 0.01g，计算样品烘干质量，并根据公式计算含水率：

$$C_{i(水)} = \frac{1}{m} \sum_{j=1}^{m} \frac{M_{j(湿)} - M_{j(干)}}{M_{j(湿)}} \times 100\% \qquad (2\text{-}4)$$

$$C_{(水)} = \sum_{i=1}^{n} \left[C_{i(水)} C_{i(湿)} \right] \qquad (2\text{-}5)$$

式中　$M_{j(湿)}$——每次某成分湿重，g；

　　　$M_{j(干)}$——每次某成分干重，g；

　　　n——各成分数；

　　　m——测定次数。

2.4.3　容重的测定

按照《轻集料及其试验方法　第 1 部分：轻集料》（GB/T 17431.1—2010）测试固体废物样品的容重。取适量样品，放入量筒中浸水 1h，然后取出，称重（m）。将试样倒入 100mL 量筒里，再注入 50mL 清水。如有试样漂浮在水面上，可用已知体积（V_1）的圆形金属板压入水中，读出量筒的水位（V）。容重计算公式如下：

$$\gamma_k = \frac{m \times 1000}{V - V_1 - 50} \tag{2-6}$$

式中　γ_k——固体废物颗粒容重，kg/m^3；

　　　m——试样质量，g；

　　　V_1——圆形金属板体积，mL；

　　　V——倒入试样和放入压板后量筒的水位，mL。

2.5　实验结果与分析

（1）填写实验记录表（表 2-3、表 2-4）。

表 2-3　固体废物含水率的测定实验记录表

样品名称	实验号	m/g	m_0/g	$W/\%$
	1			
	⋮			
	N			
	1			
	⋮			
	N			

表 2-4　固体废物容重的测定实验记录表

样品名称	实验号	m/g	m_0/g	$W/\%$
	1			
	⋮			
	N			
	1			
	⋮			
	N			

（2）撰写实验报告，并根据公式计算出不同种类垃圾的含水率和容重。

2.6　思考与讨论

（1）简述城市生活垃圾的来源、组成特点。

（2）如何根据含水率，选择最优的垃圾处理处置方式？

（3）容重是评价垃圾焚烧性能的重要指标之一，具体是如何评价的？

（4）论述表征城市生活垃圾的物理特性参数及其含义。

（5）试对校园里的垃圾采样进行物理特性分析。

实验三

固体废物基本化学性质测定

3.1 实验目的

固体废物基本化学性质参数包括挥发分、灰分、可燃分、发热值、元素组成等。这些参数是评定固体废物性质、选择处理处置方法、设计处理处置设备等的重要依据，也是科研、实际生产中经常需要测量的参数。不同来源的固体废物，其化学性质差异较大，需要掌握它们的测定方法。本实验主要测定挥发分、灰分、可燃分和生物降解度这四个基本参数。

通过本实验，希望达到以下目的：

① 了解城市生活垃圾的一般性质及其组成；

② 了解固体废物挥发分、灰分、可燃分测定原理；

③ 掌握固体废物挥发分、灰分、可燃分测定方法以及所涉及仪器的操作；

④ 了解生物降解度的含义及其测定方法。

3.2 实验耗材及器材

3.2.1 实验耗材

(1) 重铬酸钾溶液（$C = 2\text{mol/L}$）；

（2）硫酸亚铁铵标准溶液（$C = 0.25 \text{mol/L}$）；

（3）浓硫酸；

（4）试亚铁灵指示剂。

实验所用固体废物可根据实际情况选用人工配制的固体废物，也可以是根据实际产生的固体废物。

3.2.2　实验器材

（1）马弗炉；

（2）电子天平；

（3）恒温干燥箱；

（4）坩埚。

3.3　实验原理

固体废物的主要成分包括水分、可燃分（挥发分＋固定碳）与灰分，俗称固体废物的"三成分"。通常采用在标准实验温度下烘干（105℃）、灼烧固体废物试样，测定呈气体或蒸气而散失的百分量来确定。

3.3.1　水分、挥发分和灰分

将固体废物试样在105℃温度下烘干，损失的成分即为水分，用 W（％）表示。挥发分又称挥发性固体含量，是指烘干的固体废物在600℃的温度下灼烧，呈气体或蒸气而散失的量，常用 VS（％）表示。它是反映固体废物中有机物含量近似值的一个指标参数。

灰分是固体废物中所有可燃物质在600℃的温度下灼烧，完全燃烧及矿物质在一定温度下产生一系列分解、氧化、化合等复杂反应剩下的残渣，是固体废物中既不能燃烧，也不会挥发的物质，用 A（％）表示。它是反映固体废物中无机物含量的一个指标参数。

挥发分和灰分一般同时测定。

3.3.2　可燃分

固体废物的可燃分包括挥发分和固定碳。把固体废物试样放置于马弗炉，在

815℃的温度下灼烧，在此温度下，除了试样中有机物质均被氧化外，金属也成为氧化物，灼烧损失的质量就是试样中的可燃物含量，即可燃分。可燃分反映了固体废物中可燃烧成分的量，它既是反映固体废物中有机物含量的参数，也是反映固体废物可燃烧性能的指标参数，是选择焚烧设备的重要依据。

3.3.3　生物降解度

垃圾中含有大量天然的和人工合成的有机质，有的容易生物降解，有的难以生物降解。生物降解度的测定是一种以化学手段估算生物降解度的间接测定方法。根据生物可降解有机质比生物不可降解有机质更易于被氧化的特点，在原有"湿烧法"测定固体有机质的基础上，采用常温反应以降低溶液的氧化程度，使之有选择性地氧化生物可降解物质。即在强酸性条件下，以强氧化剂重铬酸钾在常温下氧化样品中的有机质，过量的重铬酸钾以硫酸亚铁铵回滴。根据所消耗的氧化剂的量，计算样品中有机质的量，再换算为生物降解度。反应式如下：

$$2K_2Cr_2O_7 + 3C + 8H_2SO_4 \longrightarrow 2K_2SO_4 + 2Cr_2(SO_4)_3 + 3CO_2 + 8H_2O$$

$$(3-1)$$

$$K_2Cr_2O_7 + 6FeSO_4 + 7H_2SO_4 \longrightarrow K_2SO_4 + Cr_2(SO_4)_3 + 3Fe_2(SO_4)_3 + 7H_2O$$

$$(3-2)$$

3.3.4　马弗炉工作原理

马弗炉是一种通用加热设备，依据外观形状可分为箱式炉、管式炉、坩埚炉，图 3-1 为箱式马弗炉的实物图。马弗炉炉温自动控制原理是：根据炉温对给定温度的偏差，自动接通或断开供给炉子的热源能量，或连续改变热源能量的大小，使炉温稳定在给定温度范围，以满足热处理工艺的需要。温度自动控制常用调节规律有二位式、三位式、比例、比例积分和比例积分微分等几种。电阻炉炉温控制是一个反馈调节过程，比较实际炉温和需要炉温得到偏差，通过对偏差的处理获得控制信号，去调节电阻炉的热功率，从而实现对炉温的控制。按照偏差的比例、积分和微分产生控制作用（PID 控制），是过程控制中应用最广泛的一种控制形式。

当马弗炉开始升温时，炉内砌砖体大量地吸收热量，以提高本身温度，在停炉冷下来时又把这一部分热量散失到空间去，这一部分形成炉体蓄热损失。一台先进的电炉应具有低的空炉损失及高的有效功率，较少蓄热损失。空炉损失的大小是衡量电炉效率好坏的重要指标，空炉损失小的电炉，可以得到高的技术生产率及低的单位电能消耗比。

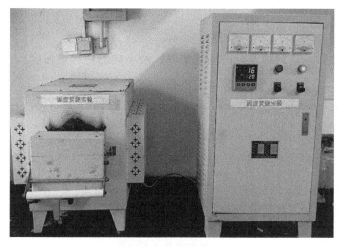

图 3-1 箱式马弗炉

3.4 实验步骤

3.4.1 挥发分和灰分测定步骤

（1）准备 2 个坩埚，分别称取其质量，并记录下来。

（2）各取 20g 烘干好的试样（绝对干燥），分别加入准备好的 2 个坩埚中（重复样）。

（3）将盛放有试样的坩埚放入马弗炉中，在 600℃下灼烧 2h，然后取出冷却。

（4）分别称量并计算含灰量，最后结果取平均值。

$$A = \frac{R-C}{S-C} \times 100\%$$
(3-3)

式中　A——试样灰分含量，%；

R——灼烧后坩埚和试样的总质量，g；

S——灼烧前坩埚和试样的总质量，g；

C——坩埚的质量，g。

挥发分 VS（%）计算：

$$VS = (1-A) \times 100\%$$
(3-4)

3.4.2 可燃分测定步骤

其分析步骤基本同挥发分的测定步骤，所不同的是灼烧温度。

（1）准备 2 个坩埚，分别称取其质量，并记录下来。

（2）各取 20g 烘干好的试样（绝对干燥），分别加入准备好的 2 个坩埚中（重复样）。

（3）将盛放有试样的坩埚放入马弗炉中，在 815℃下灼烧 2h，然后取出冷却。

（4）分别称量并计算含灰量，最后结果取平均值。

$$A' = \frac{R-C}{S-C} \times 100\% \tag{3-5}$$

式中 A'——试样灰分含量，%；

R——灼烧后坩埚和试样的总质量，g；

S——灼烧前坩埚和试样的总质量，g；

C——坩埚的质量，g。

可燃分 CS（%）计算：

$$CS = (1-A') \times 100\% \tag{3-6}$$

3.4.3 生物降解度测定步骤

（1）称取 0.5000g 风干并经磨碎的试样，置于 250mL 的容量瓶中。

（2）用移液管准确量取 15mL 重铬酸钾溶液，加入瓶中。

（3）向瓶中加入 20mL 硫酸，摇匀。

（4）在室温下将容量瓶置于振荡器中，振荡 1h（振荡频率在 100r/min 左右）。

（5）取下容量瓶，加水至标线，摇匀。

（6）从容量瓶中分取 25mL，置于锥形瓶中，加 3 滴试亚铁灵指示液，用硫酸亚铁铵标准溶液滴定，溶液的颜色由黄色经蓝绿色至刚出现红褐色不褪即为终点，记录硫酸亚铁铵溶液的用量。

（7）用同样的方法在不放试样的情况下，做空白实验。

（8）按式（3-7）计算生物降解度 BDM（%）。

$$BDM = \frac{(V_0 - V_1)C \times 6.383 \times 10^{-3} \times 10}{W} \times 100\% \tag{3-7}$$

式中　V_0——空白实验所消耗的硫酸亚铁铵标准溶液的体积，mL；

　　　V_1——样品测定所消耗的硫酸亚铁铵标准溶液的体积，mL；

　　　C——硫酸亚铁铵标准溶液的浓度，mol/L；

　　　W——样品质量，g；

6.383——换算系数，$\left(\dfrac{1}{6}\times\dfrac{3}{2}\right)$碳的摩尔质量除以生物可降解物质平均碳含

量 47%，g/mol。

3.5　实验结果与分析

3.5.1　数据分析

实验结果记入表 3-1 中。

表 3-1　固体废物基本化学性质参数测定结果

序号	测定参数	第一次	第二次	第三次	平均值	备注
1	灰分/%					
2	挥发分/%					
3	可燃分/%					

3.5.2　注意事项

（1）样品必须烘至恒重，否则会影响本实验测量的精度。

（2）测定挥发分时，温度应该严格控制在（600±10)℃；测定可燃分时，温度应该严格控制在（815±10)℃。

（3）坩埚从马弗炉中取出后，在空气中冷却时间不宜过长，坩埚在称量前不能开盖。

3.6　思考与讨论

（1）简述固体废物灰分、挥发分和可燃分之间的关系。

（2）简述固体废物灰分、挥发分和可燃分测定的意义。

（3）固体废物灰分的熔点主要取决于其中的 Si、Al 元素的含量，为什么？

（4）论述表征城市生活垃圾的化学特性参数及其含义。

（5）试对校园里的垃圾采样进行化学特性分析。

实验四

固体废物 pH 值测定

4.1 实验目的

实验中常需测定各溶液的 pH 值，pH 值是一个较为有效和简单的指标，它一般用来表示水或溶液中的酸度，度量其释放质子的能力，即其中所有能与强碱作用的物质总量。

通过本实验，希望达到以下目的：

① 了解固体废物性质的测定及其对固体废物评价的意义；

② 掌握固体废物 pH 值的测定原理与测定方法。

4.2 实验试剂及仪器

4.2.1 实验试剂

（1）标准 pH 缓冲溶液：pH=6.86，称取在 50℃下烘干过的 3.39g 磷酸二氢钾和 3.53g 磷酸氢二钾，定容到 1L；pH=9.18，用 3.80g 硼砂溶于无二氧化碳的冷水中，定容到 1L；pH=4.00，称取 10.21g 在 105℃下烘干的邻苯二甲酸氢钾，用水稀释定容到 1L；

（2）流态状物料、黏稠状物料及块状物料各 20g。

4.2.2　实验仪器

（1）pH 计（图 4-1）；

（2）磁力搅拌器；

（3）烧杯；

（4）玻璃棒。

4.3　实验原理

如图 4-1 所示，实验采用 PHS-25 型 pH 计来测定固体废物的 pH 值，该仪器由电子单元和 E-201-C 复合电极组成，是用玻璃电极法取样测量 pH 值的一种测量仪器。

图 4-1　pH 计

该仪器还可以用于测量各种离子选择性电极的电极电位，该仪器具有稳定可靠、使用方便的特点。

E-201-C 复合电极是由玻璃电极（测量电极）和 Ag-AgCl 电极（参比电极）集合在一起的塑壳可充式复合电极。

玻璃电极头部球泡是由特殊配方的玻璃薄膜制成的，它仅对 H^+ 有敏感作用，当它浸入被测溶液内，则被测溶液中 H^+ 与电极球泡表面水化层进行离子交换，使球泡内外产生电位差，由于电极内部的溶液 H^+ 浓度不变，此电位差仅随外层 H^+ 浓度的变化而变化，故只要测出此电位差就可以求得被测溶液的 pH 值。

它们之间的关系符合 Nernst 公式：

$$E = E_0 - \frac{2.303RT}{F}\text{pH} \tag{4-1}$$

式中　R——气体常数，8.314kJ/(K·g)；

　　　　T——热力学温度，K；

　　　　F——法拉第常数，96495C/g；

E——未知液测量电位，mV；

E_0——电极系数零电位，mV；

pH——被测溶液 pH 值和球泡内溶液 pH 值之差。

干扰的消除：当废物浸出液的 pH 值大于 10，钠差效应对测定有干扰，宜用低（消除）钠差电极，或者用与浸出液的 pH 值相近的标准缓冲溶液对仪器进行校正。当电极表面被油质或者粒状物质沾污会影响电极的测定，应用洗涤剂清洗，或用 1+1 的盐酸溶液除尽残留物，然后用蒸馏水冲洗干净。由于在不同的温度下电极的电势输出不同，所以温度也会影响 pH 值的准确测定，这就要求进行温度补偿。温度计与电极应同时插入待测溶液中，在报告测定的 pH 值时同时报告测定时的温度。

4.4　实验步骤

（1）pH 计标定

仪器使用前首先要标定。一般情况下仪器在连续使用时，每天要标定一次。本仪器采用两点标定。

标准溶液一般第一次用 pH＝6.86 的溶液，第二次用接近被测溶液 pH 值的缓冲溶液。如被测定为酸性时，应选 pH＝4.00。

注意：在标定与测量过程中，每更换一次溶液，必须对电极进行清洗，以保证精度。

（2）标定步骤

① 按要求连接电源、电极，打开电源开关，仪器进入 pH 值测量状态。

② 将电极从饱和 KCl 溶液中拿出来，用蒸馏水冲洗干净，并用滤纸轻轻吸干周边的水分。

③ 按"温度"键，使仪器进入溶液温度调节状态，使温度显示值和溶液温度值一样，然后按"确认"键，仪器确认溶液温度值后回到 pH 值测量状态。

④ 把电极插入 pH＝6.86 的标准缓冲溶液中，按"标定"键（此时显示实测值的 mV 值对应的该温度下标准缓冲溶液的标称值），然后按"确认"键，仪器进入"斜率"标定状态。

⑤ 在"斜率"标定状态下，把电极插入 pH＝4.00（或 pH＝9.18）标准缓冲溶液中，此时显示实测的 mV 值，待读数稳定后按"确认"键（此时显示实

测值的 mV 值，对应的该温度下标准缓冲溶液的标称值），然后按"确认"键，仪器自动进入 pH 值测量状态。

（3）固体废物的 pH 值测定

① 称取 10g 固体样品置于 200mL 烧杯中，加 50mL 蒸馏水后置于搅拌器上，搅拌 20min 后，静置 10min，用校正过的 pH 计测定悬浊液的 pH 值。

② 测定时将玻璃球部浸没于悬浊液中，记下 pH 值即可，即为本实验所选样品的 pH 值测定结果。

pH 值标准溶液的配制见表 4-1。

表 4-1　pH 值标准溶液的配制

名称	成分及浓度	25℃的 pH 值	每 1000mL 25℃水溶液所需药品质量
邻苯二甲酸盐标准溶液	0.05mol/L 邻苯二甲酸氢钾	4.008	10.21g $KC_8H_5O_4$
中性磷酸盐标准溶液	0.025mol/L 磷酸二氢钾 0.025mol/L 磷酸氢二钠	6.865	3.388g KH_2PO_4 + 3.533g Na_2HPO_4
硼酸盐标准溶液	0.01mol/L 硼酸钠	9.180	3.80g $Na_2B_4O_7 \cdot 10H_2O$
碳酸盐标准溶液	0.025mol/L 碳酸氢钠 0.025mol/L 碳酸钠	10.012	2.092g $NaHCO_3$ + 2.640g Na_2CO_3

4.5　实验结果与分析

4.5.1　数据分析

（1）每个样品至少做 3 个平行实验，其标准差不超过 ±0.15pH 单位，取算术平均值报告实验结果（表 4-2）。

（2）当标准差超过规定范围时，必须分析并报告原因。

表 4-2　实验 pH 值记录表

编号	流态状物料	黏稠状物料	块状物料
1			
2			
3			

4.5.2　注意事项

（1）pH计电极头的敏感膜壁薄易碎，不要碰碎。

（2）操作时电极要保持竖直，切忌平放或倒置。每次测试前及测试完毕，电极都须用蒸馏水冲洗干净，并用滤纸轻轻吸干周边的水分。

（3）电极使用完毕后，尽快浸泡在饱和KCl溶液中，不要在水中长期放置。

4.6　思考与讨论

（1）实验中哪些因素会影响测量结果？应如何减少或消除误差？

（2）对于不同物料，分别应如何测定？

（3）对于本实验提出一些改进建议。

（4）简述固体废物pH值测定的重要性。

（5）除了玻璃电极法可以测pH值，你还知道哪些方法，请对原理进行简述。

实验五

破碎与筛分

5.1 实验目的

固体废物的破碎和筛分过程就是固体废物的粉碎过程。所谓破碎就是大块的固体废物借助于外力的作用，克服其内部分子间力而破裂，使物料粒度逐渐缩小的过程，有利于固体废物的资源化与减量化。筛分是将物料按粒度分成两种或多种级别的作业过程。通过筛分可将固体废物中各种有用的资源分门别类地用于不同的生产过程，或将其中不利于后续处理处置工艺的物质分离出来。

通过本实验，希望达到以下目的：

① 掌握液压机、破碎机、筛分机的使用；

② 了解常用固体废物的破碎和筛分技术，掌握固体废物破碎、筛分过程，懂得固体废物的减容和分离原理；

③ 了解激光粒度分布仪的使用；

④ 掌握筛分实验数据的处理及分析方法；

⑤ 熟悉筛分实验结果的数学分析及粒度特性曲线分析。

5.2　实验材料及设备

5.2.1　实验材料

实验所用固体废物为废弃砖头。

5.2.2　实验设备

（1）液压机（图 5-1、图 5-2）；

（2）颚式破碎机（图 5-3、图 5-4）；

（3）封闭式破碎机（图 5-5、图 5-6）；

（4）标准振筛机及标准筛；

（5）电子天平；

（6）激光粒度分布仪。

5.3　实验原理

5.3.1　破碎

破碎是利用外力克服固体废物质点间的内聚力使大块固体废物分裂成小块的过程。利用破碎、粉磨工具对固体废物施力而将其粉碎，所得产物根据粒度的不同，利用不同筛孔尺寸的筛子将物料中小于筛孔尺寸的细颗粒通过筛面，大于筛孔尺寸的粗颗粒留在筛面上，从而完成粗、细分离的过程。

破碎的作用如下：

① 减容，便于运输和贮存；

② 为分选提供所要求的入选粒度；

③ 增加比表面积，提高焚烧、热分解、熔融等作业的稳定性和热效率；

④ 若下一步需进行填埋处置时，破碎后压实密度高而均匀，则可加快复土还原；

⑤ 防止粗大、锋利的固体废物损坏分选等其他设备。

5.3.2　筛分

筛分是利用一个或一个以上的筛面将物料中小于筛孔的细粒物料透过筛面，而大于筛孔的粗粒物料留在筛面上，完成粗、细粒物料分离的过程。该分离过程可看作由物料分层和细粒透筛两个阶段组成。物料分层是完成分离的条件，细粒透筛是分离的目的。为了使粗、细粒物料通过筛面而分离，必须使物料和筛面之间具有适当的相对运动，使筛面上的物料层处于松散状态，即按颗粒大小分层，形成粗粒位于上层、细粒位于下层的规则排列，细粒到达筛面并透过筛孔。同时，物料和筛面的相对运动还可使堵在筛孔上的颗粒脱离筛孔，但它们透筛的难易程度却不同。粒度小于筛孔尺寸 3/4 的颗粒，很容易通过粗粒形成的间隙到达筛面而透筛，称为易筛粒；粒度大于筛孔尺寸 3/4 的颗粒，很难通过粗粒形成的间隙，而且粒度越接近筛孔尺寸就越难透筛，这种颗粒称为难筛粒。

筛分通常与破碎相配合，使破碎后的物料的颗粒大小可以近于相等，以保证合乎一定的要求或避免过分的粉碎。

5.3.3　液压机工作原理

图 5-1 和图 5-2 分别为液压机的实物图和结构示意图。液压机是一种以液体为工作介质，根据帕斯卡原理制成的用于传递能量以实现各种工艺用途的机器。具体工作流程是油泵把液压油输送到集成插装阀块，通过各个单向阀和溢流阀把液压油分配到油缸的上腔或者下腔，在高压油的作用下，使油缸进行运动。液压机是利用液体来传递压力的设备。四柱液压机的液压传动系统由动力机构、控制机构、执行机构、辅助机构和工作介质组成。动力机构通常采用油泵作为动力机构，一般为积式油泵。为了满足执行机构运动速度的要求，选用一个油泵或多个油泵。低压（油压小于 2.5MPa）用齿轮泵；中压（油压小于 6.3MPa）用叶片泵；高压（油压小于 32.0MPa）用柱塞泵。液压机可用于各种可塑性材料的压力加工和成形，如不锈钢板的挤压、弯曲、拉深及金属零件的冷压成形，同时也可用于粉末制品、砂轮、胶木、树脂热固性制品的压制。

5.3.4　颚式破碎机工作原理

（1）构成

颚式破碎机由机架、颚板和侧护板、传动件、调节装置、飞轮、润滑装置以及保险装置等组成。图 5-3 和图 5-4 分别为颚式破碎机的实物图和结构示意图。

图 5-1　液压机

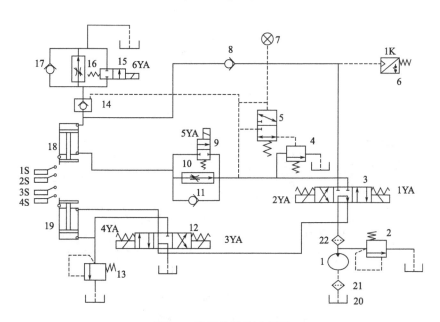

图 5-2　液压机结构示意图

1—液压泵；2—溢流阀；3，9，12，15—电磁换向阀；4，13—顺序阀；5—滑阀；

6—压力继电器；7—压力表；8，11，17—单向阀；10，16—调速阀；14—充液阀；

18—主油缸；19—辅助油缸；20—油箱；21，22—过滤器

图 5-3 颚式破碎机

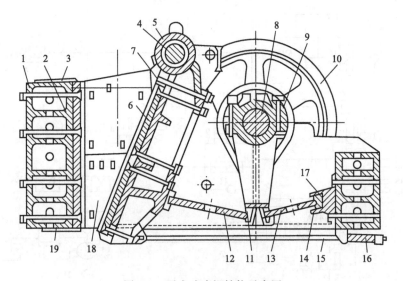

图 5-4 颚式破碎机结构示意图

1—机架；2，6—衬板；3—压板；4—心轴；5—动颚；6—衬板；7—楔铁；

8—偏心轴；9—连杆；10—皮带轮；11—推力板支座；12—前推力板；

13—后推力板；14—后支座；15—拉杆；16—弹簧；17—垫板；18—侧护板；19—钢板

① 机架　机架是上下开口的四壁刚性框架，用作支撑偏心轴并承受破碎物料的反作用力，要求有足够的强度和刚度，一般用铸钢整体铸造，小型机也可用优质铸铁代替铸钢。大型机的机架需分段铸成，再用螺栓牢固连接成整体，铸造工艺复杂。自制小型颚式破碎机的机架也可用厚钢板焊接而成，但刚度较差。

② 颚板和侧护板　定颚和动颚都由颚床和颚板组成，颚板是工作部分，用螺栓和楔铁固定在颚床上。定颚的颚床就是机架前壁，动颚颚床悬挂在偏心轴上，要有足够的强度和刚度，以承受破碎反力，因而大多是铸钢或铸铁件。

③ 传动件　偏心轴是破碎机的主轴，承受巨大的弯扭力，采用高碳钢制造。偏心部分须精加工、热处理，轴承衬瓦用巴氏合金浇注。

④ 调节装置　调节装置有楔块式、垫板式和液压式等，一般采用楔块式，由前后两块楔块组成，前楔块可前后移动，顶住后推板；后楔块为调节楔，可上下移动，两楔块的斜面倒向贴合，由螺杆使后楔块上下移动而调节出料口大小。小型颚式破碎机的出料口调节是利用增减后推力板支座与机架之间的垫片多少来实现。

⑤ 飞轮　颚式破碎机的飞轮用于存储动颚空行程时的能量，使机械的工作负荷趋于均匀。皮带轮也起着飞轮的作用。飞轮常以铸铁或铸钢制造，小型机的飞轮常制成整体式。飞轮制造、安装时要注意静平衡。

⑥ 润滑装置　偏心轴轴承通常采用集中循环润滑。心轴和推力板的支撑面一般采用润滑脂通过手动油枪给油。动颚的摆角很小，使心轴与轴瓦之间润滑困难，常在轴瓦底部开若干轴向油沟，中间开一环向油槽使之连通，再用油泵强制注入干黄油进行润滑。

（2）工作原理

皮带轮带动偏心轴转动时，偏心顶点牵动连杆上下运动，随即牵动前后推力板做舒张及收缩运动，从而使动颚时而靠近固定颚，时而又离开固定颚。动颚靠近固定颚时，对破碎腔内的物料进行压碎、劈碎及折断。破碎后的物料在动颚后退时靠自重从破碎腔内落下。

5.3.5　封闭式破碎机工作原理

通过钢圈的撞击作用，使得大固体颗粒被挤压、撞碎成小颗粒，乃至粉尘。封闭式破碎机内部结构如图 5-5 和图 5-6 所示。

图 5-5 封闭式破碎机钢圈

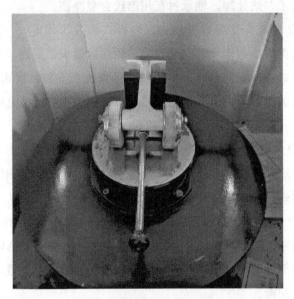

图 5-6 封闭式破碎机内部

5.4 实验步骤

（1）称取物料（砖头）0.6kg 左右在 105℃的温度下烘干至恒重，称取烘干后试样 0.5kg 左右，精确至 1g。

（2）使用液压机压成碎块，然后将碎块加入颚式破碎机破碎，破碎后的固体放入封闭式破碎机中破碎 0.5min。

（3）将破碎后的样品清出称重，将标准套筛，按筛目由小至大的顺序安装在振筛机上（30 目、60 目、80 目、100 目、150 目、200 目、300 目），并将粉磨称重的物料加入位于顶部的标准筛中，开动振筛机筛分 3min。

（4）筛分完毕，分别称取不同筛孔尺寸筛子的筛上产物质量，记录数据在表 5-1 中；了解破碎后的粉料质量分布情况。用托盘天平称重，要求测量精度达 0.5g。

（5）将各筛分级别的质量相加得的总和，与试样质量相比较，计算不同粒度物料所占百分比。要求误差不应超过 1%～2%。如果没有其他原因造成显著的损失，可以认为损失是由于操作时微粒飞扬引起的。允许把损失加到最细级别中，以便与试样原质量相平衡。

5.5　实验结果与分析

5.5.1　数据分析

（1）记录破碎和筛分过程和现象，实验数据记入表 5-1 中。

表 5-1　破碎实验数据记录表

破碎压力：_____ kPa　　　　破碎前总质量：_____ kg

目数/目	孔径/mm	筛上质量/g	质量分数/%
30			
60			
80			
100			
150			
200			
300			

（2）计算各粒级产物的产率（%）。

（3）计算筛分机各筛的筛上粉体质量，作出破碎后粉体的质量分数与筛子目数的关系曲线，绘制粒度特性曲线：直角坐标（累积产率或各粒级产率为纵坐标，粒度为横坐标）、半对数坐标（累积产率为纵坐标，粒度的对数为横坐标）、全对数坐标（累积产率的对数为纵坐标，粒度的对数为横坐标）。

（4）列出 300 目筛上粉料（200～300 目）和 300 目筛下粉料（>300 目）的粒径分布情况。

（5）分析试样的粒度分布特性，填写表 5-2。

表 5-2 筛分数据记录表

试样粒度：_____mm　　　试样质量：_____g

粒度		质量/g	产率/%	正积累/%	负积累/%
/mm	/网目				
0.5					
0.5~0.25					
0.25~0.125					
0.125~0.074					
0.074~0.045					
<0.045					
合计					
误差分析					

5.5.2　注意事项

（1）破碎机正常运转后，方可投料生产。

（2）待破碎物料应均匀地加入破碎腔内，应避免侧向加料或堆满加料，以免单边过载或承受过载。

（3）正常工作时，轴承的温升不应该超过 30℃，最高温度不得超过 70℃；超过上述温度时，应立即停车，查明原因并加以排除。

（4）停车前，应首先停止加料，待破碎腔内物料完全排出后，方可关闭电源。

（5）破碎时，如因破碎腔内物料阻塞而造成停车，应立即关闭电源停止运行，将破碎腔内物料清理干净后，方可再行启动。

（6）在安放筛子时，应按照筛孔大小顺序叠放，同时另加一个筛子底盘。

（7）工作结束关闭电源。

5.6　思考与讨论

（1）常用的破碎机有哪些？破碎原理和适用领域各有何不同？

（2）如何根据固废的性质选择合适的破碎方法？

（3）选择破碎机时应综合考虑哪些因素？

（4）某地小作坊加工电子垃圾拆解过程中排出大量有毒重金属和有机化合物，导致空气、水体和土壤的重金属含量严重超标。土壤中钡的含量超标 10 倍以上、锡超标 152 倍、铅超标 212 倍、铬超标达 1338 倍，水中的污染物超过饮用水标准达数千倍。对在该地从业外来人口进行的医学检查显示，在接受调查的人群中 88% 的人患有皮肤病、神经系统、呼吸系统或消化系统疾病，健康遭到极大损害。请帮助该地设计合理的废弃电路板最终解决方案。

实验六

浮选实验

6.1　实验目的

　　浮选是固体废物资源化技术中一项重要的工艺方法。浮选是通过在固体废物与水调成的料浆中加入浮选药剂扩大不同组分可浮性的差异，再通入空气形成无数细小气泡，使目的颗粒黏附在气泡上，并随气泡上浮于料浆表面成为泡沫层后刮出，成为泡沫产品；不上浮的颗粒仍留在料浆内，通过适当处理后废弃。我国已应用于从粉煤灰中回收炭，从煤矸石中回收硫铁矿，从焚烧炉灰渣中回收金属等。

　　通过本实验，希望达到以下目的：

　　① 了解浮选药剂的作用和性能；

　　② 掌握浮选机的构造和工作原理；

　　③ 学会用浮选法从混合物料中分选出有用的物质；

　　④ 通过实验过程资料处理，了解影响浮选效率的因素。

6.2　实验试剂及仪器

6.2.1　实验试剂

　　(1) 粉煤灰；

（2）捕收剂（柴油或煤油）；

（3）起泡剂（2[#]油或仲辛醇）；

（4）介质调整剂（氢氧化钠溶液和硫酸溶液）。

6.2.2 实验仪器

（1）浮选机；

（2）坩埚；

（3）烘箱；

（4）天平；

（5）烧杯、滤纸、漏斗和抽滤装置、移液管、洗瓶、滴管、玻璃棒等。

6.3 实验原理

浮选是利用固体颗粒表面物理化学特性，在固体废物与水调制的料浆中加入浮选药剂，并通入空气形成无数细小气泡，使欲选物质颗粒黏附在气泡上，随气泡上浮于料浆表面成为泡沫层，然后刮出回收；其他颗粒仍留在料浆内，通过适当处理后废弃。

粉煤灰是在高达 1500℃ 以上的温度下燃烧产生，其天然疏水性较差。粉煤灰中的炭活性高，炭经过高温，表面及内部的有机质挥发从而使粉煤灰中的炭呈海绵状，疏松多孔，比表面积大，因此具有很高的表面活性。炭在各粒级中分布不均，粒度细，炭含量低。干法排出的粉煤灰活性好，对各种药剂的吸附能力强。湿法排出的粉煤灰（尤其是堆灰场堆存的粉煤灰），由于已在水中发生了一系列的物理化学反应与变化，而使粉煤灰（主要是炭）的活性明显下降。入选粉煤灰中，粒度越粗，碳含量越高，由于粗粒炭质量大，与气泡碰撞后容易脱附，浮选速率低，预先筛除这部分粗粒，对浮选是十分有利的。而这部分粗粒级物料，通过适当的分选方法可提纯至炭含量达 95％ 以上的产品，可制成高质量的活性炭或电极糊等，提高了产品的附加值。电选和浮选在粉煤灰的脱炭中有着各自的适用范围和优缺点，电选适合中粗粒（＞45μm），优点是无须干燥、成本低，缺点是尾灰炭含量较高，适用含炭较低的干灰。浮选适合中细粒（＜100μm），优点是尾灰炭含量低，缺点是需干燥、流程较复杂，适合各种粉煤灰。

　　本实验从含炭混合物料（碳酸钙和活性炭的混合灰）中浮选回收炭，利用炭粒表面的疏水性较强，通过捕收剂-煤油的作用可使其疏水性能进一步加强，容易黏附在气泡上；而碳酸钙颗粒表面亲水，不易黏附在气泡上。从而两者可通过浮选分离，因为物质颗粒表面的疏水性能和亲水性能可以通过浮选药剂的作用而加强，所以在浮选工艺中正确选择、使用浮选药剂是调整物质可浮性的主要外因条件。

6.3.1　浮选药剂

　　泡沫浮选是根据颗粒间表面疏水性的差异，在气-液界面上分离的过程。实验操作步骤包括磨料、加药调浆、充气浮选、样品过滤、烘干、制样、分析化验。为了提高颗粒间表面疏水性差异、实现选择性浮选分离，必须用浮选药剂进行调浆。浮选药剂包括捕收剂、抑制剂、活化剂、pH调整剂、起泡剂。浮选药剂根据在浮选过程中的作用不同，可分为捕收剂、起泡剂和调整剂三大类。

　　（1）捕收剂

　　捕收剂能够选择性地吸附在欲选的物质颗粒表面上，使其提高可浮性，并牢固地黏附在气泡上而上浮。常用的捕收剂有异极性捕收剂（黄油、油酸等）和非极性油类捕收剂（煤油等）两类。典型的异极性捕收剂分子由极性基（亲固基）和非极性基（疏水基）两部分组成。非极性油类捕收剂没有极性基。极性基活泼，能与废物表面发生作用而吸附于废物表面；非极性基起疏水作用，朝外排水而造成废物表面的"人为可浮性"。良好的捕收剂应具有以下特点：捕收作用强，具有足够的活性；有较高的选择性；易溶于水、无毒、无臭、成分稳定、不易变质；价廉易得。

　　典型的异极性捕收剂有黄药、油酸等。非极性油类捕收剂主要包括脂肪烷烃 C_nH_{2n+2}、脂环烃 C_nH_{2n} 和芳香烃三类。

　　黄药的学名为烃基二硫代碳酸盐，也称黄原酸盐，其通式为 ROCSSAm。式中 R 为烃基，Am 为碱金属离子。常用的黄药烃链中含碳数为 2～5 个。一般烃链越长，捕收作用越强，但烃链过长时，其选择性和溶解性均下降，反而会降低其捕收效果。黄药对含碱土金属成分的废物（如 $BaSO_4$、$CaCO_3$、CaF_2 等）没有捕收作用，这是由于黄药与碱土金属（Ca^{2+}、Mg^{2+}、Ba^{2+} 等）形成的黄原酸盐易溶于水。但黄药能与许多含重金属和贵金属离子的废物生成表面难溶盐化合物，如含 Hg、Au、Bi、Cu、Pb、Co、Ni 等的废物，它们与黄药生成的表面化合物的溶度积小于 10^{-10}。

油酸学名顺式十八烯-9-酸，通式为 $C_{17}H_{33}COOH$，它在水中不易溶解和分散，实践中常需加溶剂乳化或制成油酸钠使用。油酸主要用于浮选含碱土金属的碳酸盐、金属氧化物、萤石和重晶石（$BaSO_4$）等。

常用的非极性油类捕收剂有煤油、柴油、燃料油、变压器油、重油等。目前，单独使用非极性油类捕收剂的，只是一些可浮性很好的非极性废物颗粒，如粉煤灰中未燃尽炭的回收、废石墨的回收等。

（2）起泡剂

表面活性物质，主要作用在水-气界面上，使其界面张力降低，促使空气在料浆中弥散，形成小气泡，防止气泡兼并，增大分选界面，提高气泡与颗粒的黏附和上浮过程中的稳定性，以保证气泡上浮形成泡沫层。常用的起泡剂有松油、松醇油、脂肪醇等。

能够促进泡沫形成，增加分选界面的药剂为起泡剂，它与捕收剂有联合作用。起泡剂的共同结构特征为：①它是一种异极性的有机物质，极性基亲水，非极性基亲气，使起泡剂分子在空气和水的界面上产生定向排列；②大部分起泡剂是表面活性物质，能够强烈地降低水的表面张力；③起泡剂应有适当的溶解度，溶解度过小，起泡剂来不及溶解即随泡沫流失或起泡速率小，延缓时间较长，难以控制，溶解度过大，则药耗大或迅速产生大量泡沫，但不耐久。

图 6-1 所示为起泡剂在气泡表面的吸附。起泡剂分子的极性端朝外，对水偶极有引力作用，使水膜稳定而不易流失。有些离子型表面活性起泡剂带有电荷，于是各个气泡因同性电荷相互排斥而阻止兼并，增加了气泡的稳定性。

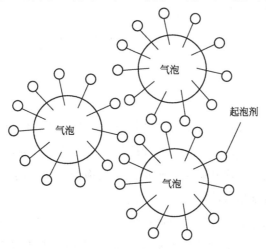

图 6-1 起泡剂在气泡表面的吸附

图 6-2 所示为起泡剂与捕收剂的相互作用。起泡剂与捕收剂不仅在气泡表面有联合作用，在废物表面也有联合作用，这种联合作用称为共吸附现象。由于废物表面和气泡表面都有起泡剂与捕收剂的共吸附，因而产生共吸附的界面"互相穿插"，这是颗粒向气泡附着的作用之一。

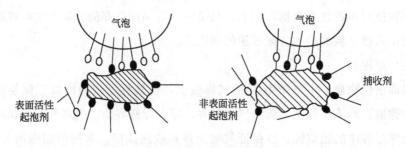

图 6-2　起泡剂与捕收剂的相互作用

（3）调整剂

调整其他药剂与其他颗粒表面之间的作用。还可调整料浆的性质，提高浮选过程的选择性。调整剂的种类较多，按其作用可分为活化剂（如硫化钠、硫酸铜）、抑制剂（水玻璃、单宁、淀粉）、介质的调整剂（酸类和碱类）、分散与混凝剂（常用的分散剂为无机盐类和高分子化合物，常用的混凝剂有石灰、明矾、聚丙烯酰胺等）四大类。

由于燃料油和仲辛醇等都是非水溶性物质，在水中分散差，而浮选时，需要药剂在水中充分分散，与矿粒表面充分作用，因此，浮选时的高浓度、强搅拌是十分必要的。

浮选效率用精煤回收率计算，即：

$$浮选效率(\%)=\frac{回收精煤质量(g)}{取样粉煤灰质量(g)}\times100\% \tag{6-1}$$

6.3.2　浮选机

浮选机由电动机三角带传动带动叶轮旋转，产生离心作用形成负压，一方面吸入充足的空气与矿浆混合，另一方面搅拌矿浆与药物混合，同时细化泡沫，使矿物黏合于泡沫之上，浮到矿浆面再形成矿化泡沫。调节闸板高度，控制液面，使有用泡沫被刮板刮出（图 6-3）。

煤泥和药剂充分混合后给入浮选机的第一室的槽底下，叶轮旋转后，在轮腔中形成负压，使得槽底下和槽中的矿浆分别由叶轮的下吸口和上吸口进入混合区，也使得空气沿导气套筒进入混合区，矿浆、空气和药剂在这里混合。

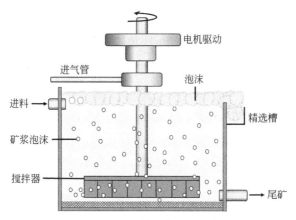

图 6-3　浮选机的工作原理示意图

在叶轮离心力的作用下，混合后的矿浆进入矿化区，空气形成气泡并被粉碎，与煤粒充分接触，形成矿化气泡，在定子和稳流板的作用下，均匀地分布于槽体截面，并且向上移动进入分离区，富集形成泡沫层，由刮泡机构排出，形成精煤泡沫。

分选转环慢速旋转，当分选室进入浮场区时，此时入选物料经矿浆分配器分别给到 6 个分选点，弱磁性矿粒被吸在齿板上并随分选环转动。非磁性矿粒在重力与矿浆流的作用下经过齿板的缝隙，排入分选环下部的尾矿槽中。分选室转至中矿清洗位置时，少量清洗水给入，将夹杂的脉石、连生体及矿泥洗入尾矿槽中（该机未设置中矿槽），以达到提高精矿质量的目的。当分选室转到磁场很弱的位置时（精矿冲洗区），喷入压力水，将吸在齿板上的弱磁性矿粒冲入精矿槽中。随后分选室转到另一个极性相反的磁场区，分选环每转一周，其中每个分选室如此反复 6 次。

6.4　实验步骤

（1）调试浮选槽

调整好浮选槽的位置，使叶轮不与槽底和槽壁接触，加水试调至充气良好，标好位置，并在以后的各次实验中保持位置不变。

（2）加样

称取适量的粉煤灰倒入浮选槽内，向槽中加水至隔板的顶端，开动浮选机搅拌 1～2min，使粉煤灰试样充分被水润湿。

（3）加药

先用移液管滴加 NaOH 溶液调节 pH 值，边搅拌边慢慢滴加，用 pH 试纸检测 pH 值至 8～9 为止。然后加捕收剂——煤油（约 20 mL/kg），搅拌 5min，使煤油与物料充分接触。再加起泡剂——2$^\#$油（约 5mL/kg），注意不要加太多，搅拌 5min。记录各种药剂总用量。

（4）浮选

插入插板，补加水至距出口 1cm 左右，见有泡沫沿槽边溢出而无水溢流则正好。

（5）刮泡沫渣

用刮板刮出泡沫渣层（若料浆中还有较多欲选物质——炭粒，可重复上述加捕收剂和起泡剂的步骤，并刮出泡沫渣层），收集至小瓷盆中过滤脱水，烘干称重。此即浮选出的产品——精煤。

（6）记录并进行数据处理，计算浮选的精煤回收率。

6.5　实验结果与分析

6.5.1　数据分析

实验数据记入表 6-1、表 6-2 中。

表 6-1　浮选药剂记录表

编号	碳酸钙质量 Q_1/g	炭粒质量 Q_2/g	炭粒含量 /%	物料浓度 /%	耗煤油量 /mL	耗仲辛醇量 /mL	浮选效率 /%
1							
2							
3							
4							
5							
6							
7							
8							
9							

表 6-2　精煤回收率计算记录表

编号	浮选槽容积/mm³	叶轮直径/mm	叶轮浸深/mm	叶轮转速/(r/min)	粉煤灰质量/g	原灰炭含量/g	料浆浓度/%	耗柴油量/mL	耗2#油量/mL	回收浮渣/g	尾灰量/g	精煤回收率/%
1												
2												
3												
4												
5												

6.5.2　注意事项

（1）严格根据指导教师要求操作浮选机。

（2）药剂用量要适量、配比合适。

（3）粉煤灰浆液位要适当。

（4）注意观察浮选过程中的循环泵压力与充气量的关系。

6.6　思考与讨论

（1）不同搅拌强度的浮选机取同量的粉煤灰和药剂进行浮选，比较讨论物料浓度、药剂用量、浮选机搅拌强度等对浮选回收效率各有什么影响？

（2）同一浮选机取不同量的粉煤灰和药剂进行浮选，比较讨论物料浓度、药剂用量、浮选机搅拌强度等对浮选回收效率各有什么影响？

（3）常用的捕收剂有哪些（按捕收氧化剂、硫化矿和非金属矿物列举）？

（4）完成浮选结果记录表中的相关计算。

（5）试对本实验提出改进措施。

実験七

热值测定实验

7.1 实验目的

固体废物热值是固体废物的一个重要物理化学指标。固体废物热值是指单位质量的固体废物完全燃烧释放出来的热量，以 kJ/kg 表示。一般地，以生活垃圾为例，若生活垃圾的高位热值在 5000kJ/kg 以上，无须添加任何助燃剂就可以实现自燃烧。热值的高低是固体废物焚烧利用价值的主要依据，对焚烧起着决定性的作用。

通过本实验，希望达到以下目的：

① 了解并掌握固体废物热值的测定原理与方法；

② 学会用氧弹热量计测定固体废物的热值；

③ 培养学生动手能力，掌握热值测定方法和氧弹热量计的原理、构造及基本操作方法；

④ 掌握测定固体废物热值的条件。

7.2 实验材料及设备

7.2.1 实验材料

(1) 苯甲酸（AR）；

（2）0.1mol/L 氢氧化钠溶液；

（3）酚酞指示剂；

（4）蒸馏水；

（5）固体废物（乳胶管）。

7.2.2　实验设备

（1）氧弹热量计；

（2）氧气钢瓶；

（3）压片机；

（4）电子天平；

（5）点火丝（镍丝）；

（6）直尺；

（7）台秤或量筒。

7.3　实验原理

热值有两种表示方式，即高位热值（粗热值）和低位热值（净热值）。若热值包含烟气中水的潜热，则该热值是高位热值（HH）。反之，若不包含烟气中水的潜热，则该热值就是低位热值（HL）。

热值的高低也是计算锅炉运行参数的主要变量，其测定在固体废物分析中占有特殊重要的地位，国内外普遍采用氧弹热量计测定粗热值。

测量基本原理是根据能量守恒定律，样品完全燃烧时放出的能量将促使氧弹热量计本身及周围的介质温度升高，通过测量介质燃烧前后温度的变化，就可以求出该样品的热值。

生活垃圾各成分的干基高位热值和干基氢元素含量见表 7-1。

计算热值有许多方法，如仪器测量法、经验估算法、元素组成计算法。

（1）仪器测量法

利用热值测定仪进行测量。当废物在有氧条件下加热至氧弹周遭的水温不再上升时，此时固定体积水所增加的热量即为定量废物燃烧所放出的热量。

表 7-1 生活垃圾各成分的干基高位热值和干基氢元素含量

城市生活 垃圾成分	干基高位热值 /(kJ/kg)	干基氢元素 含量/%	城市生活 垃圾成分	干基高位热值 /(kJ/kg)	干基氢元素 含量/%
塑料	32570	7.2	灰土、陶瓷	6980	3.0
橡胶	23260	10.0	厨房有机物	4650	6.4
木、竹	18610	6.0	铁金属	700	
纺织物	17450	6.6	玻璃	140	
纸类	16600	6.0			

(2) 经验估算法

固体废物的热值在化学上称为燃烧热（heat of combustion），因此，可以利用元素组成（如碳、氢、氧等）从理论上估算废物的 HH 或 HL。由各个单一组分的热值以及该组分在废物中的百分含量来估算热值的方法通常称为统计计算法。即：

$$Q = Q_1 n_1\% + Q_2 n_2\% + \cdots + Q_i n_i\% \tag{7-1}$$

式中　　　　　　Q——湿态下统计的热值，kJ/kg；

$Q_1, Q_2, \cdots, Q_i$——各单一组分的热值，kJ/kg；

$n_1, n_2, \cdots, n_i$——有关物质组成的百分含量。

(3) 元素组成计算法

利用元素组成计算废物热值的方法很多，最普遍与简单的是 Dulong 公式。

$$Q = 337 m(\text{C}) + 1428 \left[m(\text{H}) - \frac{m(\text{O})}{8} \right] + 95 m(\text{S}) \tag{7-2}$$

式中　Q——湿态热值，kJ/kg；

$m(\text{H})$——H 元素在湿态下的质量分数，%；

$m(\text{C})$——C 元素在湿态下的质量分数，%；

$m(\text{O})$——O 元素在湿态下的质量分数，%；

$m(\text{S})$——S 元素在湿态下的质量分数，%。

但由于这种方法估算废物热值的误差过大，故工业界常改以 Wilson 公式进行估算。Wilson 公式进行估算的误差在 5% 左右，在一定条件下，此方法估算的热值有较高的参考价值。

$$Q = 7831 m(\text{C}_1) + 35932 \left[m(\text{H}) - \frac{m(\text{O})}{8} \right] + 2212 m(\text{S}) -$$

$$3546 m(\text{C}_2) + 1187 m(\text{O}) - 578 m(\text{N}) \tag{7-3}$$

式中　Q——湿态热值，kJ/kg；

$m(C_1)$——有机碳在湿态下的质量分数，%；

$m(C_2)$——无机碳在湿态下的质量分数，%；

$m(H)$——H 元素在湿态下的质量分数，%；

$m(O)$——O 元素在湿态下的质量分数，%；

$m(S)$——S 元素在湿态下的质量分数，%；

$m(N)$——N 元素在湿态下的质量分数，%。

7.3.1　热值的测定

任何一种物质，在一定的温度下，物料所获得的热量（Q）为：

$$Q = C\Delta t = mq \tag{7-4}$$

式中　C——热容量，J/℃；

m——质量，g；

Δt——初始温度与燃烧温度之差，℃；

q——物料发热量，J/g。

所以，热容量（C）为：

$$C = \frac{mq}{\Delta t} \tag{7-5}$$

在操作温度一定、热量计中水体积一定、水纯度稳定的条件下，C 为常数，氧弹热量计系统的热容量也是固定的，当固体废物燃烧发热时，会引起热量计中水温变化（Δt），通过探头测定而得到固体废物的发热量。

发热量（q）为：

$$q = \frac{C\Delta t}{m} \tag{7-6}$$

式中　m——待测物质量，g。

7.3.2　热容量的计算

热容量（J/℃）计算公式如下：

$$C = \frac{Q_1 M_1 + Q_2 M_2 + VQ_3}{\Delta T} \tag{7-7}$$

式中　C——热量计热容量，J/℃；

Q_1——苯甲酸标准热值，26470J/g；

M_1——苯甲酸质量，g；

Q_2——引燃（点火）丝热值，1400J/g；

M_2——引燃（点火）丝质量，g；

　　V——消耗的氢氧化钠溶液的体积，mL；

　　Q_3——硝酸生成热滴定校正（0.1mol 的硝酸生成热为 5.9J），J/g；

　　ΔT——修正后的量热体系温升，℃。

计算方法如下：

$$\Delta T = (t_n - t_0) + \Delta \theta \tag{7-8}$$

$$\Delta \theta = \frac{V_n - V_0}{\theta_n - \theta_0}\left(\frac{t_0 + t_n}{2} + \sum_{i=1}^{n-1} t_i - n\theta_n\right) + nV_n \tag{7-9}$$

式中　V_0，V_n——初期和末期的温度变化率，℃/30s；

　　　　θ_0，θ_n——初期和末期的平均温度，℃；

　　　　　　n——主期读取温度的次数；

　　　　　t_i——主期按次序温度的读数；

　　　　　t_0——初期温度的读数；

　　　　　t_n——末期温度的读数。

7.3.3　热值的计算

试样热值（J/g）的计算公式如下：

$$Q = \frac{C\Delta T - \sum G_d}{G} \tag{7-10}$$

式中　$\sum G_d$——添加物产生的总热量，J；

　　　　G——试样质量，g。

7.3.4　氧弹热量计各部件及工作原理

氧弹热量计是测量生活垃圾热值最常用的测定仪器。图 7-1 为氧弹外形，图 7-2 为氧弹剖面图，图 7-3 为氧弹热量计安装示意图。

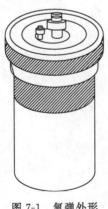

图 7-1　氧弹外形

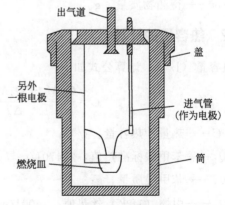

图 7-2　氧弹剖面图

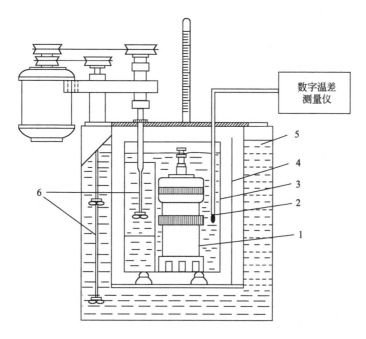

图 7-3 氧弹热量计安装示意图

1—氧弹；2—数字温差测量仪（兼有数显控制器的功能）；

3—内筒；4—抛光挡板；5—水保温层；6—搅拌器

（1）氧弹

为了防止燃烧生成的酸对氧弹的腐蚀，全部结构采用不锈钢 1Cr18Ni9Ti 制成，氧弹的结构由三个部分组成。一个容积为 300mL 的圆筒形弹体，一个盖子，一个连接盖和弹体的环，弹体内径为 58mm，深 103mm，壁厚为内径的 1/10，底和盖的厚度稍大，强度足够耐受固体燃烧时产生的最大压力（60～70atm，1atm＝101325Pa），并能耐受液体燃料所产生的更大压力。氧弹采用自动密封橡胶垫圈，当氧弹内充氧到一定压力时，橡胶垫圈因受压而与弹体和弹盖密接，造成两者间的气密性。且筒内外压力差越大，密封性能越好。中间气阀也因受压紧密闭合，氧气从中间气阀螺钉四周进入筒内，不会直接充压试样，点火时又可保护弹顶密封系统。本氧弹具备操作方便、结构合理可靠、使用寿命长等优点。

（2）水套（外筒）

水套是双层容器，实验时充满水，通过水套搅拌器使筒内水温均匀，形成恒温环境，水筒放在水套中的一个具有三个支点的绝缘支架上。水套备有上有小孔的胶木盖，便于插入测温探头、点火线等，盖下面衬有抛光金属板。

（3）水筒（内筒）

水筒全部由不锈钢薄板制成，截面为梨形，以减少与外筒间的辐射作用。当氧弹放入水筒后，可加水淹没氧弹，而水面至内筒上边缘有 250～500 mL 的空间，水筒的装水量一般为 3000g（氧弹搁在弹头座架上），水筒内设有电动搅拌器。

（4）搅拌器

搅拌器由同步电动机带动，搅拌速度为 500r/min，转速平稳。通过搅拌器螺旋桨的运动，使试样燃烧放出的热量尽快在量热系统内均匀散布。电动机与搅拌器间用绝热固定板连接，以防止因电动机产生的热而影响测量精度。外筒搅拌器为手拉式搅拌器，上下拉动数次即能使外筒水温均匀，给内筒形成一个恒温的外部环境。

（5）工业用玻璃棒温度计

温度计的刻度范围为 0～50℃，最小分度为 0.1℃，用来测量水套水温。

（6）点火丝

点火时通入 24V 交流电，引燃点火丝。点火丝一般用直径 0.1mm 左右的镍铬丝做成。当有电流通过时，镍铬丝被烧成赤热并在很短时间内熔断，引燃试样。

（7）气体减压器

YQY-370 气体减压器或 SJT-10 型气体减压器用于瓶装氧气减压。它能保持稳定和足够的流量送到氧弹中，进气最高工作压力为 15MPa，最低工作压力不低于工作压力的 2 倍。该减压器带有两个压力表，其中一个表指示氧气瓶内的压力，可指示 0～25MPa，另一个表指示被充氧气的氧弹的压力，可指示 0～6MPa。两个表之间装有减压阀，压力表每年至少经国家监管部门检查一次，以保证指示读数正确和使用安全。各连接部分禁止使用润滑油，必要时只能使用甘油，涂抹量不应过多，若任一连接部分被油类污染，必须用汽油或酒精洗净并风干。

点火丝通常是直径 0.1mm 左右的铂、铜、镍铬丝或其他已知热值的金属丝，若使用棉线，则应选用粗细均匀、不涂蜡的白棉线。各种点火丝点火时放出的热量如下：铁丝，6700J/g；镍铬丝，1400J/g；铜丝，2500J/g；棉线，17500J/g。

7.4 实验步骤

7.4.1 热量计热容量（C）的测定

（1）热容量测定

① 先将外筒装满水，实验前用外筒搅拌器（手拉式）将外筒水温搅拌均匀。

② 称取片剂苯甲酸1g（约2片），称0.0002g放入坩埚中。

③ 把盛有苯甲酸的坩埚固定在坩埚架上，取1根点火丝称重，然后将点火丝的两端固定在两个电极柱上，并让其与苯甲酸有良好的接触，然后，在氧弹中加入10mL蒸馏水，拧紧氧弹盖，并用进气管缓慢地充入氧气直至弹内压力为2.8~3.0MPa为止，氧弹不应漏气。

④ 把上述氧弹放入内筒中的氧弹座架上，再向内筒中加入约3000g（称准至0.5g）蒸馏水（温度应调至比外筒低0.2~0.5℃），水面应至氧弹进气阀螺帽高度的约2/3处，每次用水量应相同。

⑤ 接上点火导线，并连好控制箱上的所有电路导线，盖上胶木盖，将测温传感器插入内筒，打开电源和搅拌开关，仪器开始显示内筒水温，每隔30s蜂鸣器报时一次。

⑥ 当内筒水温均匀上升后，每次报时后，记下显示的温度。当记下第10次时，同时按"点火"键，测量次数自动复零。以后每隔半分钟存储测温数据共31个，当测温次数达到31次后，按"结束"键表示实验结束（若温度达到最大值后记录的温度值不满10次，需人工记录几次）。

⑦ 停止搅拌，拿出传感器，打开水筒盖（注意：先拿出传感器，再打开水筒盖），取出内筒和氧弹，用放气阀放掉氧弹内的氧气，打开氧弹，观察氧弹内部，若有试样燃烧完全，实验有效，取出未烧完的点火丝称重，若有试样燃烧不完全，则此次实验作废。

⑧ 用蒸馏水洗涤氧弹内部及坩埚并擦拭干净，洗液收集至烧杯中的体积为150~200mL。

⑨ 将盛有洗液的烧杯用表面皿盖上，加热至沸腾5min，加2滴酚酞指示剂，用0.1mol/L的氢氧化钠标准溶液滴定，记录消耗的氢氧化钠溶液的体积，如发现在坩埚内或氧弹内有积炭，则此次实验作废。

（2）数显氧弹热量计使用方法

① 开机后，只要不按"点火"键，仪器逐次自动显示温度数据 100 个，测温次数从 00 到 99 递增，每半分钟一次，并伴有蜂鸣器的鸣响，此时按动"结束"键或"复位"键能使显示测温次数复零。

② 按动"点火"键后，氧弹内点火丝得到约 24 V 交流电压，从而烧断点火丝，点燃坩埚中的样品，同时，测量次数复零。以后每隔半分钟测温一次并存储测温数据共 31 个，当测温次数达到 31 次后，测温次数就自动复零。

③ 当样品燃烧，内筒水开始升温，平缓到顶后，开始下降，当有明显降温趋势后，可按"结束"键，然后按动"数据"键，可使 00 次、01 次、02 次……一直到按"结束"键时的测温次数为止的测量温度数据重新逐一在五位数码管上显示出来，操作人员可进行记录和计算，或与实时笔录的温度数据（注：电脑存储的数据是蜂鸣器鸣响的那一秒的温度值）核对后计算 ΔT 和热值。当操作人员每按一次"数据"键，被存储的温度数据和测温次数自动逐个显示出来，方便操作人员查看测温记录。

注：在读取数据状态，"点火"键不起作用，若需重新测量，必须先按"结束"键，使仪器回到测温状态。

④ 按"复位"键后，可重新实验。

⑤ 关掉电源，原存储的温度数据也将自动被清除。

图 7-4 为数显氧弹热量计的实物图。

图 7-4　数显氧弹热量计

7.4.2　样品热值的测定

（1）固体状样品的测定

将混合均匀具有代表性的城市生活垃圾或固体废物粉碎成颗粒粒径为 2mm 的碎粒；若含水率高，则应于 105℃烘干，并记录水分含量。将苯甲酸替换成 1.0g 左右固体废物样品（乳胶管），同法进行上述实验。

（2）流动性样品的测定

流动性污泥不能压成片状的样品，则称取 1.0g 样品，置于小皿，将镍丝中间部分浸在样品中间，两端与电极相连，同法进行上述实验。

7.5　实验结果与分析

7.5.1　数据分析

（1）热容量（C）的测定

填写表 7-2，求出苯甲酸燃烧引起热量计温度变化的差值 Δt_1，并根据公式计算热量计热容量。

表 7-2　热容量（C）的测定

室温：		℃	大气压：			MPa
苯甲酸质量：		g	夹套水的温度：			℃
引燃铁丝	起始长度：	cm	剩余长度：	cm	燃烧长度：	cm
点火前	时间/min					
	温差/℃					
点火后	时间/min					
	温差/℃					
升温趋缓后	时间/min					
	温差/℃					

（2）热值（Q）的测定

填写表 7-3，求出样品燃烧引起热量计温度变化的差值 Δt_2，并根据公式计算样品的热值。

表 7-3 热值（Q）的测定

室温：		℃	大气压：			MPa
苯甲酸质量：		g	夹套水的温度：			℃
引燃铁丝	起始长度：	cm	剩余长度：	cm	燃烧长度：	cm
点火前	时间/min					
	温差/℃					
点火后	时间/min					
	温差/℃					
升温趋缓后	时间/min					
	温差/℃					

7.5.2 注意事项

(1) 压片的紧实适中，太紧不易燃烧。燃烧丝需压在片内，若浮在压片面上会引起样品熔化而脱落，不发生燃烧。

(2) 保证待测样品干燥，受潮样品不易燃烧且称量有误。

(3) 使用氧气钢瓶，一定要按照要求操作，注意安全。往氧弹内充入氧气时，一定不能超过指定的压力，以免发生危险。

(4) 燃烧丝与两电极及样品片一定要接触良好，而且不能有短路。

(5) 测定仪器热容与测定样品的条件应该一致。

(6) 氧气遇油脂会爆炸。因此氧气减压器、氧弹以及氧气通过的各个部件、各连接部分不允许有油污，更不能使用润滑油。

(7) 点火丝不得掉到水池，不能碰到坩埚。

(8) 氧弹每次工作之前要加 10mL 水。

(9) 工作时，实验室关好门窗，尽量减少空气对流。

7.6 思考与讨论

(1) 本实验测出的热值和高热值与低热值有什么关系？

(2) 固体状样品与流动状样品的热值测量方法有什么不同？

(3) 利用氧弹热量计测量废物的热值中，有哪些因素可能影响测量分析的精度？

（4）氧弹测定物质的热值，经常出现点火不燃烧的现象，使得热值无法测定，请问，发生上述现象的原因是什么？如何解决？

（5）试对本实验提出改进措施。

（6）已知某固废的热值为11630kJ/kg，固废中的元素组成如表7-4所示。

表7-4　固废中的元素组成

元素	C	H	O	N	S	H_2O	灰分
含量/%	28	4	23	4	1	20	20

与热损失有关的量如下：

① 炉渣C含量5%（S、H完全燃烧）；

② 空气进炉温度65℃；

③ 炉渣温度650℃；

④ 残渣比热容0.323kJ/(kg·℃)；

⑤ 水的汽化潜热2420kJ/kg；

⑥ 辐射损失0.5%；

⑦ C的热值32564kJ/kg。

请计算焚烧后可利用的热值（以1kg为基准）。

焚烧与热解实验

8.1 实验目的

废物焚烧和热解过程中,有机成分在高温条件下进行分解破坏,实现快速、显著减容。与生化法相比,焚烧和热解处理周期短、占地面积小、可实现最大限度的减容、延长填埋场使用寿命。与普通焚烧法相比,热解过程产生的二次污染少。热解生成气或液体燃料在空气中燃烧与固体废物直接燃烧相比,不仅燃烧效率高,产生的气态污染物相对较少,所引起的污染也低。

通过本实验,希望达到以下目的:

① 了解焚烧和热解的概念;

② 熟悉焚烧和热解过程的控制参数。

8.2 实验试剂及仪器

8.2.1 实验试剂

实验材料可以选取普通混合收集的有机的城市工业或生活垃圾,也可选取纸张、塑料、橡胶等单类别的垃圾。一般选用污水处理厂产生的污泥或者学校附近垃圾中转站的生活垃圾。

8.2.2　实验仪器

（1）烘箱；

（2）电阻炉；

（3）气氛炉；

（4）XDN-5L 型氮气发生器；

（5）电子天平；

（6）坩埚。

8.3　实验原理

8.3.1　焚烧

固体废物的焚烧过程，特别是城市生活垃圾的焚烧过程，是一系列复杂的物理和化学反应过程。一般将焚烧过程分为干燥、热分解、燃烧三个阶段。

① 干燥阶段　干燥是利用焚烧系统的热能，使焚烧炉中固体废物中的水分汽化生成水蒸气的过程。固体废物的含水率高低，决定了阶段所需要的时间长短，这也很大程度上影响着固体废物的焚烧过程。垃圾的水分含量越高，其低位热值越低，不易完全燃烧，故对于高水分固体，如污泥废水等，为了蒸发、干燥、脱水和保证焚烧过程的正常运行，常常不得不加入辅助燃料。

② 热分解阶段　热分解是无氧或几乎无氧的条件下，使有机可燃物质在高温作用下进行化学分解聚合反应的过程。热分解的转化率取决于热分解反应的热力学特性和动力学行为，热分解的温度越高，分解速率越快，有机可燃物质的热分解越彻底。

③ 燃烧阶段　燃烧是可燃物质快速分解和高温氧化的过程。该阶段可燃物浓度减少，惰性物增加，氧化剂量相对较大，反应区温度降低。改善措施主要采用翻动拨火等方法来有效减少物料表面的灰尘，控制稍微多一点的过剩空气量，增加在炉内的停留时间等。焚烧是指垃圾中的可燃物在焚烧炉中与氧气充分燃烧，其中的碳、氢、硫等元素与氧发生化学反应，释放出热能，同时产生烟气和固体残渣。

焚烧法可以使可燃性固体废物通过高温氧化分解达到减容的效果，同时实现减量化、资源化、无害化的目的。焚烧炉内温度一般控制在 980℃左右，焚烧后体积比原来可缩小 50%～80%，分类收集的可燃性垃圾经焚烧处理后甚至可缩小 90%。近年来，将焚烧处理与高温（1650～1800℃）热分解、熔融处理结合，以进一步减小体积。据多种文献报道，每吨垃圾焚烧后会产生大约 5000m³ 废气，还会留下原有体积一半左右的灰渣。垃圾焚烧后只是把部分污染物由固态转化成气态，其质量和总体积不仅未缩小，还会增加。焚烧炉尾气中排放的上百种主要污染物，组成极其复杂，其中含有许多温室气体和有毒物。当今最好的焚烧设备，在运转正常的情况下，也会释放出数十种有害物质，仅通过过滤、水洗和吸附法很难全部净化。尤其是二噁英类污染物，属于公认的一级致癌物。

此外，垃圾焚烧要求垃圾的最低热值在 3360kJ/kg 以上，垃圾热值低则需要加入燃料辅助燃烧。我国部分城市生活垃圾成分复杂并且长期以来都是混合收集、集中处理，除少部分经济发达的城市外，其他城市的混合垃圾热值偏低，不适合焚烧。上海浦东垃圾焚烧厂引进法国最先进的焚烧工艺，工程总投资约 7 亿元，生活垃圾日焚烧处理量约 1000t，年处理量 36.5 万吨，是我国现有水平较高的现代化垃圾焚烧厂。焚烧法的巨额耗资和对资源的浪费就更不适合发展中国家的国情，建设一座大中型焚烧炉动辄要 10 亿元，建成投产后的环保处理成本大约需 300 元/t，经济欠发达地区难以承受较高的投资和运行费用。

(1) 焚烧产生的主要污染物

① 不完全燃烧产物；

② 粉尘；

③ 酸性气体；

④ 重金属污染物；

⑤ 二噁英。

(2) 影响焚烧的因素

① 焚烧温度；

② 停留时间；

③ 混合强度；

④ 过剩空气。

(3) 焚烧的特点

① 无害化程度高，较彻底地降解有毒有机物，杀灭病原体；

② 减量化效果显著，体积可减少 85%～95%，质量减少 20%～80%；

③ 热能利用，充分实现垃圾处理的资源化；

④ 处理周期短、占地面积小、选址灵活；

⑤ 不受自然条件影响，可全天候运行操作。

8.3.2 热解

热解是有机物在无氧或缺氧状态下加热，使之分解为气、液、固三种形态的混合物的化学分解过程。固体废物的热解是一个复杂、连续的化学反应过程，它包含了大分子键的断裂、异构化和小分子的聚合等反应，最后生成较小的分子。在热解的过程中，其中间产物存在两种变化趋势：一是由大分子变成小分子，直至气体的裂解过程；二是由小分子聚合成大分子的聚合过程。这些反应没有明显的阶段性，许多反应是交叉进行的。

热解反应过程可用下列式子表示：

$$有机物固体废物 \longrightarrow 可燃性气体 + 有机液体 + 固体残渣 \qquad (8-1)$$

其中，可燃性气体包括 CH_4、H_2、H_2O、CO、CO_2、NH_3、H_2S、HCN 等；有机液体包括有机酸、芳烃、焦油等；固体残渣包括纯炭与玻璃、金属、土、砂等混合形成的炭黑及灰渣等。

生活垃圾热解过程可分为干燥阶段、干馏阶段和气体形成阶段，当温度达到200℃左右时，生活垃圾中的水分物理分离进行干燥，这一过程耗能较多；在温度达 200～500℃时，一些高分子化合物，如脂类、塑料、纤维素、蛋白质等物质裂解成气态、液态化合物及炭；当温度在 500～1200℃时，形成的液体物质和气体物质，继续分解，形成小分子量非冷凝性气体，如 CO、CO_2、CH_4、H_2 等。

（1）影响热解的因素

① 加热速率；

② 温度；

③ 湿度；

④ 物料尺寸；

⑤ 反应时间；

⑥ 空气量。

（2）热解的特点

① 热解方法处理周期短、占地面积小、可实现最大限度的减容、延长填埋场使用寿命；

② 热解可以将固体危险废物中的有机物转化为以燃料气、燃料油和炭黑为主的储存性能源；

③ 废物中的硫、重金属等有害成分大部分被固定在炭黑中；

④ 热解生成气或液体燃料在空气中燃烧与固体废物直接燃烧相比，由于是缺氧分解，排气量少，不仅燃烧效率高，而且热解过程产生的二次污染少；

⑤ NO_x 的产生量少。

8.3.3　焚烧与热解的区别

焚烧与热解的区别如下：

① 焚烧是需氧氧化反应过程，热解是无氧或者缺氧反应过程；

② 焚烧是放热的，热解是吸热的；

③ 焚烧的主要产物是二氧化碳和水，热解的主要产物是可燃气、油及炭黑等，可以贮存及远距离输送。

本实验采用的是直接加热电阻炉，相关实物图如图 8-1 所示，加热电阻炉中电流通过被加热的材料，使其本身产生热能。常用于炭质电极的石墨化、难熔金属的致密烧结等。在电阻炉中，电流直接通过物料，因电热功率集中在物料本身，所以物料加热很快，适用于要求快速加热的工艺，例如锻造坯料的加热。这种电阻炉可以把物料加热到很高的温度，例如碳素材料石墨化电炉，能把物料加热到超过 2500℃。使用这种炉子加热时应注意：a.物料各部位的导电截面和电导率要一致，使物料加热均匀；b.送电电极和物料接触要好，物料自身电阻小，以免起电弧烧损物料，以减少电路损失；c.在供交流电时，要合理配置短网，以免感抗过大而使功率因数过低。

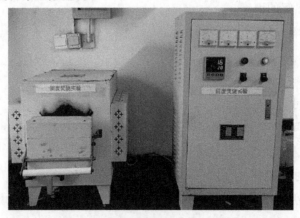

图 8-1　电阻炉实物图

热解炉可选取卧式或立式电炉，要求炉管能耐受 800℃ 以上的高温，炉膛密闭。液体冷凝装置要耐腐蚀。管式炉的结构原理图如图 8-2 所示，整个反应装置由保护气、反应炉、尾气处理装置以及总控制系统组成。本实验采用氮气作为保护气，提供无氧的热解氛围；反应炉是整个装置的核心部分，中心是石英反应管，外层具有隔热层；石英管的中心设置有耐高温探头在线检测样品温度，根据样品温度的变化反馈给温度控制器，自动调节电炉的加热。热解产生的气相被冷却收集并通过吸收处理，防止热解中可能产生的有毒有害气体污染大气；在总控制系统上可以调节保护气的流量、热解温度和热解时间等参数。

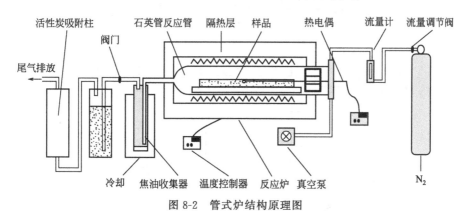

图 8-2　管式炉结构原理图

本实验采用的炉型为热解气氛炉，相关实物图如图 8-3 所示。

图 8-3　热解气氛炉实物图

本实验采用的氮气发生器为 XDN-5L 型氮气发生器，相关原理图如图 8-4 所示，利用氮气与其他气体分子在分子筛中的吸附能力差异，形成浓度差异的积累，在分子筛柱末端产出高纯度氮气。同时利用两根分子筛柱，一根吸附的同时引出一部分产品气为另一根解吸，实现分子筛在线再生，整体表现即为仪器持续输出高纯氮气。这类发生器可根据需要调节氮气的纯度和流量，可生产 99.999% 的氮气产品，流量可从几百毫升到几十升到几立方米每分钟，纯度大小配置灵活，可根据每个需求具体定制。

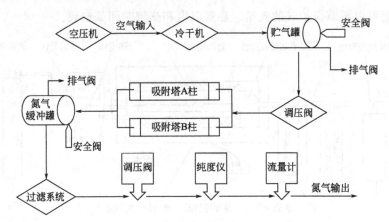

图 8-4　XDN-5L 型氮气发生器原理图

8.4　实验步骤

（1）称取若干物料（树枝）并称重（4g），并将物料分别装入马弗炉和热解炉。

（2）接通电源，升温速度为 25℃/min，将炉温升到 280℃。

（3）恒温 10min，20min 内，将两炉的温度分别从 280℃ 升高到 680℃（观察升温过程中的实验现象），680℃ 恒温 10min，然后断电。

（4）可能条件下收集气体进行气相色谱（GC）分析其中 H_2、CH_4、C_2H_4 的含量。

（5）可能条件下测定收集焦油的量，并进行成分分析。

（6）待两炉自然降温后（不得立即开启炉膛），观察热处理产物，并称重。

（7）温度分别升高到 500℃、600℃、700℃、800℃，重复步骤（1）～（6）。

8.5 实验结果与分析

8.5.1 数据分析

（1）焚烧过程的实验现象：观察描述，可拍照片。

（2）热解过程的实验现象：观察描述，可拍照片。

（3）参考表 8-1 记录实验数据。

表 8-1 实验数据记录表

热处理方式	序号	放入前树枝质量 m_1/g	取出树枝质量 m_2/g
热解	1		
	2		
	3		
焚烧	1		
	2		
	3		

计算两种热处理方法的处理效率，分析比较实验结论。

（4）分别记录焚烧和热解反应后的固相残渣及焦油质量，计算热解得率 R，其计算公式为：

$$R = \frac{m_i}{30} \times 100\% \tag{8-2}$$

式中 m_i——处理后固相残渣或焦油质量，g。

（5）参考表 8-2 记录实验数据。

表 8-2 实验数据记录表

热解炉功率：_____

气体流量计量程：_____ 最小刻度：_____

旋风分离器型号：_____ 风量：_____ 总高：_____ 直径：_____

实验序号	1	2	3	4	5
初始温度/℃					
升温时间/min					
恒温温度/℃	400	500	600	700	800

续表

实验序号	1	2	3	4	5
恒温后 15min 气体流量/(m³/h)					
恒温后 30min 气体流量/(m³/h)					
⋮					
恒温后 80min 气体流量/(m³/h)					

8.5.2　注意事项

（1）原料不同，产气率会有很大差别，应根据实际情况，适当调整记录气体流量的时间间隔。

（2）气体必须安全收集，避免煤气中毒。

8.6　思考与讨论

（1）焚烧和热解的区别是什么？对于高热值的城市生活垃圾，你会采用什么方案进行最终处置？为什么？

（2）垃圾焚烧处置会产生焚烧飞灰，焚烧飞灰为无机物质，主要由浮尘、重金属盐和不充分燃烧所产生的炭黑等组成，另外，焚烧产生的二噁英也大部分存在于飞灰中。《国家危险废物名录》把垃圾焚烧飞灰列为危险废物，编号 HW18。请设计方案对焚烧飞灰进行最终处置。

（3）城市生活垃圾的最终处置的方法有哪些？据你认为，最好的城市生活垃圾的处理方法是什么？为什么？

（4）对于农村废弃秸秆等固体废物，你有好的处理方法吗？请说明。

第二部分
固体废物的综合
设计型实验

实验九

风力分选

9.1　实验目的

风力分选，简称风选，又称气流分选，风力分选是垃圾预处理最常用的方法之一，是以空气为分选介质，在气流作用下使固体废物颗粒按密度和粒度差异，将轻物料从较重物料中分离出来的一种方法。广义的风力分选还包括集尘，它在城市垃圾、纤维性固体废物、农业稻麦谷类等废物处理和利用中应用得比较广泛。

作为一种传统的分选方式，风选在国外主要用于城市垃圾的分选，将城市垃圾中可燃性物料为主的轻组分和以无机物为主的重组分分离，以便分别回收利用或处置。面对社会对生活垃圾"资源化、减量化、无害化"处理的要求，对城市垃圾分类处理已是势在必行。

风选实质上包含两个分离过程：分离出具有低密度、空气阻力大的轻质部分（提取物）和具有高密度、空气阻力小的重质部分（排除物）；进一步将轻颗粒从气流中分离出来，后一步分离步骤常由旋流器完成。

本次实验测定在不同风速的条件下，不同密度颗粒的分选效果与风速的关系。

通过本实验，希望达到以下目的：

① 了解风力分选的原理、方法和影响风力分选效果的主要因素；

② 了解水平风力分选机的构造与原理；

③ 确定风力分选的适宜条件。

9.2 实验材料及设备

9.2.1 实验材料

以城市垃圾作为风力分选实验的原料。

9.2.2 实验设备

（1）风选机（图 9-1）；

（2）筛子规格 100mm×40mm，筛孔 80mm、50mm、20mm、10mm、5mm、3mm 各一个；

（3）烘箱；

（4）台式天平；

（5）磅秤；

（6）托盘；

（7）铁铲。

图 9-1 风选机

9.3 实验原理

风力分选的基本原理是气流将较轻的物料向上带走或水平方向带向较远的地方，而重物料则由于上升气流不能支持它们而沉降，或由于惯性在水平方向抛出较近的距离。风力分选过程是以各种固体颗粒在空气中的沉降规律为基础的。

风选机的工作原理如下。

风选制粉机主要由主机、风机、分离器、集粉器、除尘器等部分组成，主机内部分为粉碎室、塞档室、风机室三部分。机器工作时，物料由进料口投入粉碎室后，经固定在主轴上的刀片和机壳的衬板间的冲击及高气柱的剪切进行粉碎，粉碎后的物料经塞档室分级进入风机室，由风轮的吹送以及风机的引力使物料进入分离器，经分离器再次分级处理，粗料由回料嘴返回粉碎室进行再次粉碎，成品料由引风机引出进入集粉器装袋包装，余风由除尘散风装置排出。

风选设备在垃圾处理系统中已经得到广泛的应用，按工作气流的主流向可将它们分为水平、垂直和倾斜三种，其工作原理是相同的。其中以水平气流分选机应用最为广泛。风力分选以空气为分选介质，垂直气流下，重物料由于气流不能支持它们而沉降，较轻的物料则随气流向上带走；水平气流作用下重物料由于惯性在水平方向抛出较近的距离，将较轻的物料带向水平方向较远的地方，水平风力分选机在设计时，用特定的结构在不同腔室间形成局部能量损失，对气流所能够携带的物料进行选择。

图 9-2 是水平气流分选机工作原理示意图，图 9-3 是生活垃圾卧式分选机设备示意图。该机从侧面送风，固体废物经破碎机破碎和圆筒筛筛分至粒度均匀后，定量给入机内，当废物在机内下落时，被鼓风机鼓入的水平气流吹散固体废物中的各种组分，使其沿着不同的运动轨迹分别落入重物质、中重物质和轻物质槽中。要使物料在分选机内达到较好的分选效果，就要使气流在分选筒内产生湍流和剪切力，从而把物料团块分散。

风机是风网系统中最重要的设备，很大程度上决定着风网系统性能的优劣。适用于风选的风机，一般选用高压离心式通风机，与同一机型的中、低压离心式通风机比较，其叶轮和机壳均较窄，进出风口也较小，在转速相同的情况下，产生的风压较高，但风量较小。

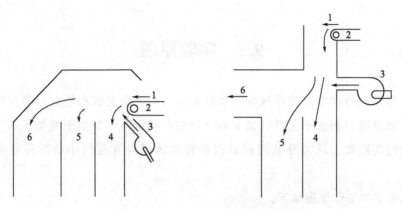

图 9-2 水平气流分选机工作原理示意图

1—给料；2—给料机；3—空气；4—重颗粒；5—中等颗粒；6—轻颗粒

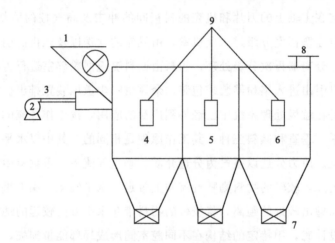

图 9-3 生活垃圾卧式分选机设备示意图

1—进料斗；2—风机；3—进风口；4—轻物质槽（长×宽＝0.6m×0.8m）；

5—中重物质槽（长×宽＝0.6m×0.8m）；6—重物质槽（长×宽＝0.4m×0.8m）；

7—出料口；8—出风口；9—观察窗

空气与水相比，其密度和黏度都较小，并具有可压缩性。当压力为 1MPa、温度为 20℃时，空气密度为 0.00118g/cm³，黏度为 0.018mPa·s，由于在风选过程中采用风压不超过 1MPa，所以可压缩性可以忽略。水平气流风选设备中物料是在空气动压力和自身的重力作用下按照粒度和密度进行分选的，以处在水平气流狭缝中的球形颗粒分析，空气阻力和颗粒自身的重力计算如下。

空气阻力：

$$R = \varphi d^2 v^2 \rho \tag{9-1}$$

有效重力：

$$G = \frac{\pi}{6} d^3 (\rho_s - \rho) g = \frac{\pi}{6} d^3 \rho_s g \tag{9-2}$$

式中　φ——阻力系数；

　　　d——颗粒粒径，m；

　　　v——沉降速度，m/s；

　　　ρ——空气密度，g/cm^3；

　　　ρ_s——颗粒密度，g/cm^3；

　　　g——重力加速度，m^2/s。

　　作用在颗粒上的介质阻力可以分为惯性阻力和黏性阻力两类，阻力系数的影响因素很多，特别是与表征介质流动状态的雷诺数有关，$\varphi = f(Re)$，从中计算出不同粒度的颗粒在介质中受到的空气动压力。

　　根据牛顿定律：

$$G_0 - R = m \frac{dv}{dt} \tag{9-3}$$

　　刚开始沉降时，$v = 0$，此时得到的 dv/dt 为球形颗粒的初始加速度，也是最大加速度。随着沉降时间的延长，v 逐渐增大，导致 dv/dt 逐渐减小。到 $dv/dt = 0$ 时，沉降速度达到最大，固体颗粒在 G、R 的作用下达到动态平衡而作等速沉降运动。设最大沉降速度为 v_0，称为沉降末速，则有 $v_0 = f(d, \rho_s)$。可见，当颗粒粒度一定时，密度大的颗粒沉降末速度大，因此，也可借助于沉降末速度的不同分离不同粒度的固体颗粒。

　　当颗粒粒度一定时，密度大的颗粒沉降末速大；当颗粒密度相同时，直径大的颗粒沉降末速大。由于颗粒的沉降末速同时与颗粒的密度、粒度及形状有关，因而在同一介质中，密度、粒度和形状不同的颗粒在特定的条件下，可以具有相同的沉降速度。这样的相应颗粒称为等降颗粒。其中，密度小的颗粒粒度（d_1）与密度大的颗粒粒度（d_2）之比，称为等降比，以 e_0 表示，即：

$$e_0 = \frac{d_1}{d_2} > 1 \tag{9-4}$$

　　若两颗粒等降，则根据 $v_{01} = v_{02}$，有：

$$e_0 = \frac{d_1}{d_2} = \frac{\varphi_1 \rho_{s2}}{\varphi_2 \rho_{s1}} \tag{9-5}$$

可见，等降比 e_0 将随两种颗粒密度差 $(\rho_{s2}-\rho_{s1})$ 的增大而增大；而且 e_0 还是阻力系数 φ 的函数。理论与实践都表明，e_0 将随颗粒粒度的变小而减小。因此，为了提高分选效率，在风选之前需要将废物进行分级或破碎使粒度均匀，然后按照密度差异进行分选。

固体颗粒在静止介质中具有不同的沉降末速，可借助沉降末速的不同，分离不同密度的固体颗粒。但是由于固体废物中大多数颗粒 ρ_s 的差别不大，因此，它们的沉降末速不会差别很大。为了扩大固体颗粒间沉降末速的差异，提高不同颗粒的分离精度，风选常在运动气流中进行。气流运动方向常为向上（称为上升气流）或水平（称为水平气流）。颗粒在上升气流中达到沉降末速时，其沉降速度等于颗粒相对介质的相对速度与上升气流速度之差，上升气流可以缩短颗粒达到沉降末速的时间和距离。在运动气流中，固体颗粒的沉降速度大小或方向会有所改变，从而使分离精度得到提高。

设存在上升气流时，固体颗粒沉降速度为：

$$v=v_0-\mu_a \tag{9-6}$$

式中　μ_a——上升气流速度。

当 $v_0>\mu_a$ 时，$v>0$，颗粒向下做沉降运动；当 $v_0=\mu_a$ 时，$v=0$，颗粒做悬浮运动；当 $v_0<\mu_a$ 时，$v<0$，颗粒向上做飘浮运动。

因此，可通过控制上升气流速度，控制不同密度固体颗粒的运动状态，使有的固体颗粒上浮，有的下沉，从而将这些不同密度的固体颗粒加以分离。

在风选中还常采用水平气流。在水平气流分选器中，物料是在空气动压力和本身重力的作用下按粒度或密度进行分选的。由图9-4可以看出，如在缝隙处有一直径为 d 的球形颗粒，则颗粒将受到空气的动压力 (R) 和颗粒本身的重力 (G) 两个力的作用。设存在水平气流时，固体颗粒的实际运动方向 $\tan\alpha=v_0/\mu_a$，则在 μ_a 一定时，对于窄级别固体颗粒，其密度 ρ_s 越大，沉降距离和出发点越接近。沿着气流运动方向，固体颗粒的密度是逐渐减小的。当水平气流速度一定、颗粒粒度相同时，密度大的颗粒沿与水平方向夹角较大的方向运动；密度较小的颗粒则按夹角较小的方向运动。因此，通过控制水平气流速度，就可控制不同密度颗粒的沉降位置，从而有效地分离不同密度的固体颗粒。

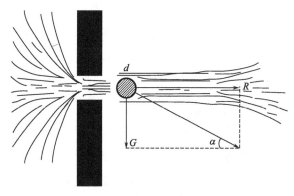

图 9-4　颗粒的受力分析

9.4　实验步骤

（1）仔细检查风选机组连接是否正确与恰当；检查实验所需的仪器和材料是否齐全。

（2）将城市垃圾烘干后进行破碎，以保证分选的顺利进行。

（3）按筛孔 80mm、50mm、20mm、10mm、5mm、3mm 筛分分级，保证物料粒度均匀。

（4）进行单一组分的风选。选取纸类、金属（尺寸小于 15cm）等密度不同的物质，每种物质先单独进行风选实验。

（5）开启风机后，首先利用风速测定仪测定风机出口的风速，然后将单一物质均匀地投入进料口中，通过观察窗观察物料在风选机内的运行状态。收集各槽中的物料并称重。

（6）风速在 7.5～17.4m/s 之间每隔 1m/s 选取，测定不同风速下轻物质、中重物质、重物质槽中该物质颗粒的分布比例，从而了解单一组分的风选情况。收集各槽中的物料并称重。

（7）将选取的单一物质混合均匀。开启风机后，利用风速测定仪测定风机出口的风速，然后将混合物质（无比例要求）均匀地投入进料口，通过观察窗观察物料在风选机内的运行状态。收集各槽中的物料并称取混合物中各单一物质的质量。

（8）重复步骤（6），风速在 7.5～17.4m/s 之间每隔 1m/s 选取，测定不同风速下轻物质、中重物质、重物质槽中物质颗粒的分布比例，从而了解混合物料风选情况。收集各槽中的物料并称取混合物中各单一物质的质量。

（9）将破碎和筛分分级后的固体废物定量分别给入风机内，待固体废物中的各成分在风力的作用下沿着不同运动轨迹落入不同的收集槽中后，取出收集槽内的固体废物，分别称重计量。

（10）分析各收集槽中不同成分的含量。

（11）记录整理实验数据，并计算分选效率。

固体废物的分选效率通常用回收率和品位两个指标来评价。回收率是指从某种分选过程中排出的某种成分的质量与进入分选过程的这种成分的质量之比。品位是指从某种分选过程中排出的某种成分的质量与该分选过程中排出物料的所有组分的质量之比。

① 测定各产品各类成分的含量；

② 计算固体废物分选后各产品的质量分数：

$$产品质量分数 = \frac{某产品的质量}{进入分选的总质量} \times 100\% \tag{9-7}$$

③ 计算固体废物分选后各成分的回收率和品位：

$$回收率 = \frac{某产品中的某成分质量}{进入分选的某成分质量} \times 100\% \tag{9-8}$$

$$品位 = \frac{某产品中的某成分质量}{某产品的质量} \times 100\% \tag{9-9}$$

9.5　实验结果与分析

9.5.1　数据分析

实验数据记入表 9-1、表 9-2 中。

表 9-1　不同级别物料分选实验记录表

级别	产品名称	质量/g	质量分数/%	品位/%	分布率/%
不分级物料	重质组分				
	中重质组分				
	轻质组分				
	共计				

续表

级别	产品名称	质量/g	质量分数/%	品位/%	分布率/%
分级物料	重质组分				
	中重质组分				
	轻质组分				
	共计				
	其他				

表 9-2　不同气流速度风选实验记录表

气流速度	产品名称	质量/g	质量分数/%	品位/%	分布率/%
高速	重质组分				
	中重质组分				
	轻质组分				
	共计				
低速	重质组分				
	中重质组分				
	轻质组分				
	共计				
	其他				

9.5.2　注意事项

（1）风机速率应逐渐增大，开始时速率不宜过大。

（2）根据分选精度，及时调整风机速率。

9.6　思考与讨论

（1）分析风选的原理，并对风选设备进行分类。

（2）根据实验结果分析影响风力分选的主要因素。

（3）根据城市生活垃圾和工业固体废物中各组分的性质，怎么组合分选回收工艺系统？

（4）与立式分选相比，水平分选有什么优缺点？如何加以改进？水平分选机的分选效率与什么因素有关？怎样提高分选效率？

（5）根据实验及计算结果，确定水平分选的最佳风速。

有害废物的固化稳定化处理实验

10.1 实验目的

有害废物是指除放射性废物以外，由于自身或与其他废物混合具有化学不稳定性、毒性、易爆性、腐蚀性或其他将会对人类健康或环境造成危害的那些废物。有害废物的治理大致包括物理法、化学法、生物法、热处理法和固化法五大类。

① 物理法　通过浓缩或相变化改变固体废物的结构，使之成为便于运输、贮存、利用或处置的形态，包括压实、破碎、分选、增稠、吸附、萃取等方法。

② 化学法　采用化学方法破坏固体废物中的有害成分，从而达到无害化，或将其转变成为适于进一步处理、处置的形态。其目的在于改变处理物质的化学性质，从而减少它的危害性。这是危险废物最终处置前常用的预处理措施，其处理设备为常规的化工设备。

③ 生物法　利用微生物分解固体废物中可降解的有机物，从而达到无害化或综合利用。生物处理方法包括好氧处理、厌氧处理和兼性厌氧处理。与化学处理方法相比，生物处理在经济上一般比较便宜，应用普遍，但处理过程所需时间长，处理效率不够稳定。

④ 热处理法　通过高温破坏和改变固体废物组成和结构，同时达到减容、无害化或综合利用的目的。其方法包括焚化、热解、湿式氧化以及焙烧、烧结等。热值较高或毒性较大的废物采用焚烧处理工艺进行无害化处理，并回收焚烧

余热用于综合利用和物化处理以及职工洗浴、生活等，减少处理成本和能源的浪费。

⑤ 固化法　采用固化基材将废物固定或包覆，以降低其对环境的危害，是一种较安全地运输和处置废物的处理过程，主要用于有害废物和放射性废物，固化体的容积远比原废物的容积大。

在众多有害废物的处理方法中，固化技术由于具有经济、实用、易操作等优点，常被用来处理很多难以治理的大体积有害废物。固化是指把废弃物固结成具有较高结构强度的实心固体的技术。这种固体可能是细小的颗粒（微观固结），也可能是大体积砌块或废弃物包裹体（宏观固结）。固化不一定需要固结剂与废弃物之间有化学反应，但需要把废弃物固结到固体结构中。固化是通过大幅度降低废弃物的接触比表面积或把废弃物密封隔离来阻止其有害成分流失。

通过本次实验，希望达到以下目的：

① 掌握固体废物的预处理方法；

② 了解固化基本原理；

③ 掌握固化体浸出液的重金属离子测量方法。

10.2　实验材料及设备

10.2.1　实验材料

（1）用硬纸做 3～5 个模具（100mm × 50mm× 50mm）；

（2）0.45μm 滤膜；

（3）相关金属的储备液；

（4）HNO_3 溶液；

（5）NaOH 溶液。

10.2.2　实验设备

（1）烘箱；

（2）水平往复振荡器；

（3）原子吸收分光光度计；

（4）有关金属的空心阴极灯；

（5）电子天平；

（6）pH 计。

10.3　实验原理

10.3.1　固化处理

固化处理是处理重金属废物和其他非金属危险废物的重要手段，在区域性集中管理系统中占有重要的地位。固化处理作为废物最终处置的预处理技术在国内外广泛应用于以下几个方面：

（1）对于具有毒性或强反应性等危险性质的废物进行处理，使得其满足后续处理或填埋处置的要求。例如，在填埋处置液态或泥状危险废物时，由于液态物质的迁移特性，如使用液体吸收剂，当填埋场受到很大的外加负荷时，被吸收的液体很容易被重新释放出来，所以应对这类废物进行固化处理。

（2）对其他处理过程所产生的残渣进行无害化处理。例如，焚烧过程虽然可以有效地破坏有机毒性物质，并具有很大的减容效果，但是同时也必然会在此过程产生的灰渣中浓集某些化学成分，甚至浓集放射性物质，所以要对焚烧过程产生的灰渣进行无害化处理。另外，在锌铅的冶炼过程中产生含有较高浓度砷的废渣，这些废渣大量堆积，会严重威胁地下水的质量，因此也必须对此废渣进行固化处理。

（3）对被有害污染物污染的土壤进行去污。

将有害废物与固化剂或黏结剂，经混合后发生化学反应而形成坚硬的固状物，使有害物质固定在固状物内，或是用物理方法将有害废物密封包装起来的处理方法称为固化或稳定化。有害废物经固化处理后，其渗透性和溶出性均可降低。所得固化块能安全地运输和进行堆存或填埋。对稳定性和强度适宜的产品可以作为筑路的基材使用。

固化处理划分为包胶固化、自胶结固化、玻璃固化和水玻璃固化。包胶固化根据包胶材料的不同，分为硅酸盐胶凝材料固化、石灰固化、热塑性固化和有机聚合物固化。包胶固化适用于多种废物。自胶结固化只适用于含有大量能成为胶结剂的废物。玻璃固化和水玻璃固化一般只适用于少量毒性特别大的废物处理，如高放射性废物的处理。

固化技术是利用物理或化学方法将有害废物与能聚结成固体的某些惰性基材混合，从而使固体废物固定或包容在惰性固体基材中，使之具有化学稳定性或密封性的一种无害化处理技术。一般废物固化都采用包胶固化的方法，包胶固化是采用某种固化基材对废物进行包覆处理的一种方法。一般分为宏观包胶和微囊包胶。宏观包胶是把干燥的未稳定化处理的废物用包胶材料在外围包上一层，使废物与环境隔离；微囊包胶是用包胶材料包覆废物的颗粒。宏观包胶工艺简单，但包胶材料一旦破裂，被包覆的有害废物就会进入环境造成污染，微囊包胶有利于有害废物的安全处理，是目前采用较多的处理技术。

固化处理的基本要求如下：

① 有害废物经过固化处理后所形成的固化体应具有良好的抗渗透性、抗浸出性、抗干湿性、抗冻融性及足够的机械强度等，最好能作为资源加以利用；

② 固化过程中材料和能量消耗要低，增容比要低；

③ 固化工艺过程简单，便于操作；

④ 固化剂来源丰富，价廉易得；

⑤ 处理费用低廉。

本实验采用水泥为基材，固化电镀污泥。

10.3.2 水泥基固化原理

水泥基固化是利用水泥和水化合时产生水硬胶凝作用将废物包覆的一种方法，普通硅酸盐水泥的主要成分为硅酸三钙、硅酸二钙、铝酸三钙和铁铝酸四钙，它们与水发生水化作用时，产生的胶体将水泥颗粒相互联结，渐渐变硬而凝结成为水泥石，在变硬凝结过程中将电镀污泥包裹在水泥石中。

10.3.3 石灰固化原理

石灰固化是指以石灰和具有火山灰活性的物质（如粉煤灰、垃圾焚烧灰渣、水泥窑灰等）为固化基材对危险废物进行稳定化与固化处理的方法。在有水存在的条件下，这些基材物质发生反应，将污泥中的重金属成分吸附于所产生的胶状微晶中。而石灰与凝硬性物料结合会产生能在化学及物理上将废物包裹起来的黏结性物质。石灰固化利用一些很少有或者没有商业价值的废物，对废物处理者来说是非常有利的，因为两种废物可以同时得到处理。

石灰固化技术常以加入氢氧化钙（熟石灰）的方法稳定污泥。石灰中的钙与废物中的硅铝酸根会产生硅酸钙、铝酸钙的水化物或者硅铝酸钙。为了使固化体更稳定，可以同时投加少量的添加剂。

10.3.4　沥青固化原理

沥青固化是以沥青类材料作为固化剂，与危险废物在一定的温度、配料比、碱度和搅拌作用下发生皂化反应，使有害物质包容在沥青中并形成稳定固化体的过程。沥青属于憎水性物质，具有良好的黏结性和化学稳定性，而且对于大多数酸和碱有较高的耐腐蚀性。目前我国所使用的沥青大部分来自石油蒸馏的残渣，其化学成分包括沥青质、油分、游离碳、胶质、沥青酸和石蜡等。从固化的要求出发，较理想的沥青组分含有较高的沥青质和胶质以及较低的石蜡。完整的沥青固化体具有优良的防水性能。

10.3.5　固化效果的评价指标

（1）浸出率

浸出率是指固化体浸于水中或其他溶液时，其中有毒（害）物质的浸出速度。

浸出率的数学表达式如下：

$$R_{in}=\frac{a_r}{A_o}\bigg/\left[\left(\frac{F}{M}\right)t\right] \tag{10-1}$$

式中　R_{in}——标准比表面的样品每天浸出的有害物质的浸出率，$g/(d \cdot cm^2)$；

　　　a_r——浸出时间内浸出的有害物质的量，mg；

　　　A_o——样品中含有的有害物质的量，mg；

　　　F——样品暴露的表面积，cm^2；

　　　M——样品的质量，g；

　　　t——浸出时间，d。

（2）增容比

增容比是指所形成的固化体体积与被固化有害废物体积的比值，它是鉴别处理方法好坏和衡量最终成本的一项重要指标。

即：

$$C_i=\frac{V_2}{V_1} \tag{10-2}$$

式中　C_i——增容比；

　　　V_2——固化体体积，m^3；

V_1——固化前有害废物的体积，m^3。

（3）抗压强度

抗压强度是保证固化体安全贮存的重要指标。对于危险废物，经固化处理后得到的固化体，如要进一步处置，强度要求较低，控制在 $0.1 \sim 0.5$MPa 即可；作为填埋处理无侧限抗压强度大于 50kPa；作为建筑填土无侧限抗压强度大于 100kPa。

浸出毒性鉴别标准值表见表 10-1。

表 10-1　浸出毒性鉴别标准值表

序号	项目	浸出液最高允许浓度/（mg/L）
1	有机汞	不得检出
2	汞及其化合物（以总汞计）	0.05
3	铅（以总铅计）	3
4	镉（以总镉计）	0.3
5	总铬	10
6	六价铬	1.5
7	铜及其化合物（以总铜计）	50
8	锌及其化合物（以总锌计）	50
9	铍及其化合物（以总铍计）	0.1
10	钡及其化合物（以总钡计）	100
11	镍及其化合物（以总镍计）	10
12	砷及其化合物（以总砷计）	1.5
13	无机氟化物（不包括氟化钙）	50
14	氰化物（以—CN 计）	1.0

10.4　实验步骤

本次实验采用的废物是电镀污泥，主要的预处理是干燥和消解。

10.4.1　干燥

取适量电镀污泥放在烘箱内，以 $105 \sim 110$℃的温度烘 2h，取出后放在干燥器内冷却半小时，以备用。其含水率按式（10-3）计算：

$$含水率 = \frac{污泥湿重 - 污泥干重}{废渣湿重} \times 100\%$$
$\qquad\qquad\qquad\qquad\qquad\qquad\qquad\qquad\qquad\qquad$ (10-3)

10.4.2　消解

取 0.5～1g 污泥置于 25mL 聚四氟乙烯锅中，用少许水润湿，加入 10mL 盐酸，在电热板上加热消解 2h 后，加入 15mL 硝酸，继续加热至溶解物剩余约 5mL 时，再加入 5mL 氢氟酸并加热分解除去硅化合物，最后加入 5mL 高氯酸加热至消解物呈淡黄色时，打开盖子，蒸干。取下冷却，加入 1+5 硝酸 1mL，微热溶解残渣，移入 50mL 容量瓶中，定容。

10.4.3　固化体的制作

将干电镀污泥、水泥和水按（1～2）：20：（6～10）的配比均匀混合，然后放置模具内一段时间，使之凝硬完成硬化过程。做 3～5 个。

10.4.4　固化体浸出液的重金属离子测量

（1）对做好的固化体称重，贴上标签；将固化体放入容器内，加蒸馏水（固液比 1:10），蒸馏水用 HNO_3 和 NaOH 调节 pH 到 5.8～6.3。

（2）将含有固化体和水的容器固定在水平往复振荡器上，以 110r/min 的频率连续振荡 8h 后，静置 16h。

（3）用 0.45μm 滤膜过滤，取滤液以备分析。

（4）用原子吸收分光光度计测定分析电镀污泥和浸出液的重金属含量，可选取 3～4 种重金属。

10.5　实验结果与分析

10.5.1　数据分析

（1）电镀污泥含水率：_____%。

（2）增容比：_____。

（3）固化体试样质量：_____g。

（4）浸出液质量：_____g。

（5）浸出液 pH：_____。

实验数据分别填入表 10-2～表 10-4 中。

表 10-2　电镀污泥的重金属含量　　　　单位：mg/g

实验编号	重金属 1	重金属 2	重金属 3
1			
2			
3			
平均值			

表 10-3　浸出液中重金属含量　　　　单位：mg/g

实验编号	重金属 1	重金属 2	重金属 3
1			
2			
3			
平均值			

表 10-4　重金属浸出率　　　　单位：g/(d·cm^2)

重金属	重金属 1	重金属 2	重金属 3
浸出率			

10.5.2　注意事项

（1）大部分金属离子的溶解度与 pH 值有关。pH 值高时，许多金属离子将形成氢氧化物沉淀，且水中的碳酸盐浓度也会较高，有利于生成碳酸盐沉淀。但 pH 值过高时，会形成带负电荷的羟基络合物，溶解度反而升高，不利于金属离子的固定，因此需严格控制 pH 值。

（2）水分过少，无法保证水泥实现充分的水合作用，水分过多，则会出现溢水现象，影响固化体的强度。水泥与废物的质量比用试验方法进行确定。

（3）为确保水化反应的充分进行，必须适当控制凝固时间。通常，初凝时间应大于 2h，终凝时间在 48h 以内。

（4）在被处理的废物中，往往含有妨碍水合作用的组分，有时会影响固化体的强度和固化体中有害组分的浸出率。因此，常根据废物的性质掺入添加剂，例如活性氧化铝、沸石或蛭石等。

10.6　思考与讨论

(1) 水泥固化的原理是什么？影响水泥固化的因素有哪些？

(2) 分析不同水泥添加量对固体废物稳定化效果的影响，得到最佳固化比。

(3) 与药剂稳定化处理方法相比，水泥固化有何特点？

(4) 为什么要测定含水率？

(5) 试样中会存在哪些干扰？

(6) 固化体根据不同特性应如何处理或如何应用？

(7) 除了水泥固化、石灰石固化、沥青固化，还有哪些固化方式？简述其原理。

(8) 水泥固化、石灰石固化、沥青固化分别适用于什么类型的固体废物？它们各自的优缺点是什么？

好氧堆肥

11.1　实验目的

堆肥化是利用自然界广泛分布的微生物，人为促进可生物降解的有机物向稳定的腐殖质转化的生化过程。堆肥化的产物称为堆肥，是一种土壤改良的肥料。有机固体废物的堆肥化技术是一种最常用的固体废物生物转换技术，是对固体废物进行稳定化、无害化处理的重要方式之一。

通过本次实验，希望达到以下目的：

① 了解垃圾强制通风好氧堆肥的工艺流程；

② 掌握堆肥影响因素在实际操作过程中的控制方法；

③ 掌握城市生活垃圾堆肥腐熟度的分析测定方法。

11.2　实验材料及设备

11.2.1　实验材料

（1）15kg 厨余垃圾与 3kg 木屑；

（2）酒精；

（3）36% 的高氯酸；

（4）碘反应剂；

（5）硫酸亚铁铵溶液；

（6）二苯胺指示剂。

11.2.2 实验设备

好氧堆肥装置一套，如图 11-1 所示。

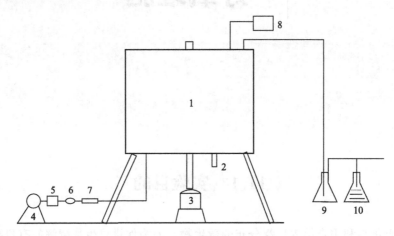

图 11-1 好氧堆肥实验装置图

1—堆肥物料仓；2—排液口；3—电机；4—风机；5—干燥机；6—恒温预热箱；

7—气体流量计；8—气体测定仪；9—冷凝瓶；10—酸吸收瓶

11.3 实验原理

11.3.1 好氧堆肥原理

好氧堆肥化是在有氧条件下，依靠好氧微生物为主的微生物对有机废物进行矿质化、腐殖化和无害化，使各种复杂的有机态的养分转化为可溶性养分和腐殖质，同时利用堆积时所产生的高温（60～70℃）来杀死原材料中所带来的病菌、虫卵和杂草种子，达到无害化的目的。有机废物中的可溶性有机物质可透过微生物的细胞壁和细胞膜被微生物直接吸收，不溶性的胶体有机物质则先吸附在微生物体外，依靠微生物分泌的胞外酶分解为可溶性物质，再渗入细胞。微生物通过自身的生命活动进行分解代谢和合成代谢，把一部分被吸收的有机物氧化成简单的无机物，并释放生物生长、活动所需要的能量；把另一部分有机物转化合成为新的细胞物质，使微生物繁殖，产生更多的生物体。

好氧堆肥后期，固体废物中残留的难降解有机组分进一步分解，腐殖质不断增多且趋于稳定，表明堆肥进入腐熟阶段。

11.3.2　腐熟度的测定原理

腐熟度是反映堆肥化过程稳定化程度的指标。即堆肥中的有机质经过矿化、腐殖化，最后达到稳定的状态指标。它既含有堆肥原料经过微生物的作用，堆肥产品最后达到稳定化和无害化，对环境不会产生不良影响的含义，也包括堆肥产品有利于提高土壤肥力和促进植物生长的含义。

堆肥的腐熟度是评价堆肥质量的重要参数之一。评估堆肥腐熟度的方法汇总如表 11-1 所示。

表 11-1　评估堆肥腐熟度的方法汇总

方法名称	参数、指标或项目
物理方法	① 温度； ② 颜色； ③ 气味； ④ 密度
化学方法	① 碳氮比(固相 C/N 和水溶态 C/N)； ② 氮化合物(NH_4^+-N、NO^--N、NO_2^--N)； ③ 阳离子交换量(CEC)； ④ 有机化合物(水溶性或可浸提有机碳、还原糖、脂类、纤维素、半纤维素、淀粉等)； ⑤ 腐殖质(腐殖质指数、腐殖质总量和功能基团)
生物活性法	① 呼吸作用(耗氧速率、CO_2 生成速率)； ② 微生物种群和数量； ③ 酶学分析
植物毒性分析	① 种子发芽实验； ② 植物生长实验
安全性测试	致病微生物指标等

（1）淀粉测定法

垃圾堆肥过程中，可借助测定其淀粉量来鉴定堆肥的腐熟程度。淀粉与碘可形成络合物，利用这种络合物的颜色变化来判断堆肥降解程度。当堆肥降解尚未结束时，堆肥淀粉未完全分解，遇碘形成的络合物呈现蓝色，堆肥完全腐熟时，物料中的淀粉已完全降解，加碘即呈黄色。从堆肥降解开始至结束，络合物的颜色依次为深蓝、浅蓝、灰、绿、黄。

（2）氮素实验法

完全腐熟的堆肥含有硝酸盐、亚硝酸盐和少量氨，未腐熟时则含大量氨而不含硝酸盐。根据这一特点，利用碘化钾溶液遇痕量氨呈黄色、遇过量氨呈棕褐色，Griess 试剂（苯和乙酸的混合液）与亚硝酸盐反应呈红色等现象，分别定性测试堆肥样品中是否含有氨和亚硝酸盐来判定堆肥是否腐熟。

（3）耗氧速率法

在高温好氧堆肥中，通过好氧微生物在有氧的条件下分解有机物的过程，可使堆肥物质逐渐稳定腐熟，此生物化学过程中，O_2 的消耗速率和 CO_2 的生成速率可以反映堆肥的腐熟程度。可通过测氧枪和微型吸气泵将堆层中的气体抽吸至 O_2-CO_2 测定仪，由仪器自动显示堆层中 O_2 或 CO_2 浓度在单位时间内的变化值，以了解堆肥物料的发酵程度和腐熟情况。为提高测定的准确性，可同时对堆层的不同深度、不同位置进行测定。

11.3.3　生物降解度测定原理

利用硫酸和重铬酸钾两者快速混合时所产生的热量氧化有机质，剩余重铬酸钾用硫酸亚铁来滴定，从所消耗的重铬酸钾量来计算有机碳的含量。

11.4　实验步骤

11.4.1　堆肥过程

（1）根据堆肥设备容量确定有机垃圾的量，总体积应为设备最大容量的 4/5。

（2）每天充分搅拌两次，搅拌速度 50r/h。并留出 3～5 个气孔，通风 3～5min。

（3）每天测量其温度两次，记录下其温度变化，直至堆肥腐熟。

11.4.2　腐熟度的测定

（1）淀粉测定法

① 取不同时间的堆肥料 1g 置于 100mL 烧杯中，滴入数滴酒精使其湿润；

② 小心加入 20mL 36% 的高氯酸，静置后，用滤纸（90 号纸）过滤；

③ 加 20mL 碘反应剂到滤液中并加以搅动；

④ 取几滴滤液至白色板上，观察其颜色变化。

（2）氮素实验法

① 将少量堆肥样品置于器皿中，徐徐加入蒸馏水并用角匙充分搅拌，同时用角匙试压固态试样表面，当有少量的水渗出时就停止加水；

② 将直径为9cm的滤纸裁成两半，置于一块玻璃板或塑料板上，在此两张半圆的滤纸上再放上一张未被裁开的相同直径的滤纸；

③ 在滤纸上面覆以一外径为8cm的塑料环，在环内装满潮湿的试样，用角匙压实试样使其能够湿透滤纸；

④ 将环和试样及其下面的滤纸一起拿掉，试样浸液透过上层滤纸清晰地呈现在两张半圆的滤纸上；

⑤ 取市售的纳氏试剂（主要为碘化钾溶液）数滴，滴于半张滤纸上，若出现棕褐色则表明堆肥尚未完全腐熟，即可停止实验；

⑥ 若出现黄色或淡黄色，表明堆肥中有少量氨存在，则取另外半张滤纸，在其上滴数滴 Griess 试剂，如果滤纸呈现红色，说明存在亚硝酸盐；若不显红色，接着在滤纸表面撒上少量还原剂（150℃烘干的 $BaSO_4$ 95g、锌粉 5g、$MnSO_4 \cdot H_2O$ 12g 的混合物），如果不久滤纸出现红色，说明存在硝酸盐，表明堆肥已完全腐熟。

该实验所用试剂有纳氏试剂、苯、乙酸、锌粉、硫酸钡、硫酸锰。

11.4.3　生物降解度的测定

（1）称取 0.5g 已烘干磨碎的试样于 500mL 的锥形瓶中。

（2）准确量取 20mL $c(1/6\ K_2Cr_2O_7)$ 为 2mol/L 的重铬酸钾溶液加入样品瓶中并充分混合。

（3）用另一支量筒量取 20mL 硫酸加到样品瓶中。

（4）在室温下将这一混合物振荡 12h；然后加入大约 15mL 蒸馏水；再依次加入 10mL 磷酸、0.2g 氟化钠和 30 滴指示剂，每加一种试剂后必须混合。

（5）用标准的硫酸亚铁铵溶液滴定，在滴定过程中颜色的变化是棕绿→绿蓝→蓝→绿，在化学剂量点时出现的是纯绿色。

（6）用同样的方法在不放试样的情况下做空白实验；如果加入指示剂时已经出现绿色，则试样必须重新做，必须再加入 30mL 重铬酸钾溶液。

11.5 实验结果与分析

11.5.1 数据分析

生物降解物质的计算：

$$\mathrm{BDM} = \frac{(V_0 - V_1) \times C \times 6.383 \times 10^{-3} \times 10}{W} \times 100\% \qquad (11\text{-}1)$$

式中　BDM——生物降解度；

V_0——空白实验消耗的硫酸亚铁铵标准溶液体积，mL；

V_1——样品滴定消耗的硫酸亚铁铵标准溶液体积，mL；

C——硫酸亚铁铵标准溶液浓度，mol/L；

6.383——换算系数；

W——样品质量，g。

实验数据记入表 11-2、表 11-3 中。

表 11-2　实验数据记录表

样品名称	实验号	V_0/mL	V_1/mL	C/(mg/mL)	W/g	BDM/%
厨余垃圾混合物 1	1					
	…					
	N					
厨余垃圾混合物 2	1					
	…					
	N					
厨余垃圾混合物 3	1					
	…					
	N					

表 11-3　有机肥腐熟度表征实验记录表

堆肥时间	表观分析	淀粉测定法	氮素实验法	耗氧速率法
第 3 天				
第 5 天				
第 10 天				
第 15 天				
第 20 天				
第 30 天				

11.5.2　注意事项

（1）原料要破碎到合适粒度。

（2）生物降解度的测定中滴加浓硫酸、重铬酸钾后，均要求其与样品充分混合。

11.6　思考与讨论

（1）分析堆肥过程中温度变化的影响。

（2）阐明原料为什么需要破碎到合适粒度。

（3）分析影响生物降解度的因素有哪些。

（4）控制好氧堆肥实验的关键参数有哪些？

（5）根据实验结果，判定实验所使用的堆肥达到完全腐熟所需的时间大概是多长。

电子废弃物的
破碎与解离

12.1　实验目的

当今世界电子、电气工业快速发展，层出不穷的技术创新与持续膨胀的市场需求加速了电子与电气设备（electric and electronic equipment，EEE）的更新换代，结果产生了大量废弃的电子与电气设备（waste EEE，WEEE），随着WEEE对生态环境影响的日益凸现，WEEE已成为世界关注的热点问题。电子废弃物具有数量大、增长速度快、危害性高、潜在价值高、处理难度大等特点。

通过本实验，希望达到以下目的：

① 了解电路板的界面与结构特性；

② 采用剪切式破碎机和金属分离器实现电脑主板的破碎和分离；

③ 了解电路板中主要材料的解离特性；

④ 在手工拆解获得亲身体会的基础上，通过进一步查阅有关资料，了解固废资源化的意义；

⑤ 了解我国电子废弃物的产生、处理和应用现状。

12.2　实验材料及设备

12.2.1　实验材料

废旧电路板若干，如图 12-1 所示。

12.2.2　实验设备

（1）破碎机（图 12-2）；

（2）金属分离器；

（3）电动振筛机（标准筛一套）；

（4）电子天平；

（5）显微镜。

12.3　实验原理

12.3.1　电子废弃物处理

电子废弃物中含有很多可回收再利用的有色金属、黑色金属、玻璃等物质。以计算机为例，其成分如下：钢铁类约占 54％、铜铝类 20％、塑料类 17％、电路板及其他 1％，而电路板含有金、银、钯等贵金属。电子垃圾处置不当会对环境造成严重污染，但作为再生资源可以回收利用，随着矿产资源逐步衰竭和科学技术水平提高，循环经济正在被全社会接受，很多废弃的电子垃圾将成为未来的主要"矿产资源"。美国环保署确认用从废家电中回收的废钢代替通过采矿、运输、冶炼得到的新钢材可减少 97％的矿废物，减少 86％的空气污染、76％的水污染；减少 40％的用水量，节约 90％的原材料、74％的能源，而且废钢材与新钢材的性能基本相同。所以，如果对电子废弃物进行有效的"拆解"，将是一笔不可估量的财富。目前电子废弃物处理的发展趋势是用物理方法对城市固体废物的破碎—解离—分选，具有投资少、环境污染小的特点。

废旧电路板如图 12-1 所示。

图 12-1　废旧电路板

　　在印刷电路板中，最多的金属是铜，此外还有金、铝、镍、铅等金属，其中不乏稀有金属。有统计数据表明，每吨废电路板中含金量达到 1000g 左右。随着工艺水平提高，每吨废电路板中已能够提炼出 300g 金，市价约合 3 万元。

　　电子器具的外壳一般由铁制、塑制、钢制或铝制。因此，可从电子废弃物中回收塑料和铁、钢、铝等金属，从而进行二次利用；电视机和显示器中的显像管含有玻璃，可进行大量的玻璃回收；显像管管径上的偏转线圈是铜制的，可进行铜的回收；废旧空调、制冷器具中的蒸发器、冷凝器含有高精度的铝和铜，可进行大量的回收。

　　带有电动机（包括空调上使用的压缩机和各种风扇）的电子器具，由于电动机是由铁壳、磁体、铜制绕组组成的，所以可进行铁、磁体、铜的回收；大部分的废旧电子器具都有电路板，其包含大量废电子元件，由金属锡焊接在电路板上，可采用专门的设备进行大量的锡、铁、铜、铝的回收。

　　大部分电子器具带有机械机构，一般有铁制或塑制、钢制等，可进行大量的铁、塑料、钢的回收；电脑板卡的金手指上或 CPU 的管脚上为了加强导电性，一般都有金涂层，可由特殊设备进行黄金的回收。

　　电脑的硬盘盘体是由优质铝合金制造的，可进行回收利用；废弃物中的大量异种材料（如电线、电缆的铜芯和塑料等），可进行相应的塑料、铝、铜等材料回收；通信工具大量使用电池，一般为锂电池或镍氢电池，可以回收。

对于电子废物的主要处理方法，首先应通过去污染、分拆方式降低危险化学物质和元素的浓度，对具有经济价值的物品进行回收，最后通过填埋或焚烧或两者并用的方式对电子废物进行处置。

电子废物处理选项包括以下单元运作：

（1）去污染、分拆以手动方式实施去污染、分拆操作。包括下述步骤：① 除去含有害物质（危险物质）的部分（氯氟烃、汞开关、多氯联苯）；② 分离含贵重物质且易于分离的部分（含铜电缆、钢、铁、含贵金属的部件，如触点）。

（2）分离铁金属、有色金属和塑料。该分离通常是在粉碎工艺以及随后的机械和磁分离工艺后进行。

（3）贵重材料的再生、回收。对于分离后含铁金属和有色金属的电子废物，还将进行进一步处理。可在电弧炉中熔炼铁金属，在冶炼厂中熔炼有色金属和贵金属。

（4）对危险材料和废物的处理、处置。对于粉碎的轻组分，将在填埋场进行处置，有时也会进行焚烧处置；对于氯氟烃，采用热处理方式处理；对于多氯联苯，采用焚烧或地下贮存方式处理；对于汞，通常会回收再生，或采用地下填埋方式进行处置。

总而言之，电子废弃物中包含的可以回收再利用的部分，属于可回收垃圾。做好回收利用，可以变废为宝。通过人工拆解和机械拆解分拣，对电子废弃物进行综合处理，不仅会保护自然环境，而且能够对某些资源进行回收再利用，达成降低元器件制造成本的目的。

首先，通过人力或机械外力的作用，破坏物体内部的凝聚力和分子间作用力而使物体破碎的操作过程称为破碎。类型不同的破碎机利用不同的破碎作用来减小物料尺寸。破碎作用可分为冲击破碎、剪式破碎、挤压破碎和摩擦破碎等。在破碎过程中，原始给料粒度与破碎产物粒度的比值称为破碎比。

破碎机如图 12-2 所示。

12.3.2　破碎机原理

电路板由机器上部直接落入高速旋转的转盘，在高速离心力的作用下，与另一部分以伞形方式分流在转盘四周的塑料产生高速碰撞与高密度的粉碎，塑料在互相打击后，又会在转盘和机壳之间形成涡流运动而造成多次的互相打击、摩擦、粉碎，从下部直通排出。形成闭路多次循环，由筛分设备控制达到所要求的粒度。

图 12-2　破碎机

　　影响破碎过程的因素是物料机械强度及破碎力。物料的机械强度是物料一系列力学性质所决定的综合指标，力学性质主要有硬度、解理、韧性及物料的结构缺陷等。

　　硬度是指物料抵抗外界机械力侵入的性质。硬度越高，抵抗外界机械力侵入的能力越大，破碎时越困难。硬度反映了物料的坚固性。对于坚固性指标的测定，一种是从能耗观点出发，如 F. C. 邦德功指数就是以能耗来测定物料坚固性；另一种是从力的强度出发，如岩矿硬度的测定。

　　物料受压轧、切割、锤击、拉伸、弯曲等外力作用时所表现出的抵抗性能称为韧性，包括脆性、柔性、延展性、挠性、弹性等力学性质。一般来说，自然界的物料多数都具有脆性，但有的较大，有的较小。脆性大的物料在破磨中容易被粉碎，易过磨、过粉碎。脆性小的不容易被粉碎，破磨中不容易过磨、过粉碎。延展性多为一些自然金属矿物所具有，它们在破磨中容易被打成薄片而不易磨成细粒。柔性、挠性及弹性多为一些纤维结晶矿物（如石棉）、片状结晶矿物（云母、辉钼矿等）所具有，这些物料破碎及解理并不困难，粉碎成细粒十分困难。

　　物料在外力作用下沿一定方向破裂成光滑平面的性质称为解理，解理是结晶物料特有的性质。所形成的平滑面称为解理面（若不沿一定方向破裂而成凹凸不平的表面者称为断口）。按解理发育程度可分为下面五种类型：①极完全解理；

②完全解理；③中等解理；④不完全解理；⑤极不完全解理。解理发育的物料容易破碎，产品粒子往往呈片状、纤维状等特殊形状。

结构缺陷对粗块物料破碎的影响较为显著，随着矿块粒度的变小，裂缝及裂纹逐渐消失，强度逐渐增大，力学的均匀性增高，故细磨更为困难。

总体来说，固体废物的机械强度反映了固体废物抗破碎的阻力。常用静载下测定的抗压强度、抗拉强度、抗剪强度和抗弯强度来表示。其中抗压强度最大，抗剪强度次之，抗弯强度较小，抗拉强度最小。一般以固体废物的抗压强度为标准来衡量。抗压强度大于250MPa者为坚硬固体废物，40～250MPa者为中硬固体废物，小于40MPa者为软固体废物。

固体废物的机械强度与废物颗粒的粒度有关，粒度小的废物颗粒，机械强度较高。按在破碎时的性状划分，物料分为最坚硬物料、坚硬物料、中硬物料和软质物料四种。

固体废物的机械强度特别是废物的硬度，直接影响到破碎方法的选择。对于脆硬性的废物宜采用劈碎、冲击、折压破碎；对于柔韧性废物宜利用其低温变脆的性能而有效地破碎，或是采用剪切、冲击破碎和磨碎；而当废物体积较大不能直接将其供入破碎机时，需先行将其切割到可以装入进料口的尺寸，再送入破碎机内。

电路基板是由金属层与非金属层构成的层状结构。与天然矿物成分间紧密相连不同，印刷电路板中不同组分之间的黏结力和结合力远小于两种组分之间的内部作用力，因此在受到外力破碎作用时，电路板会沿不同组分之间的结合面发生破裂实现解离。

实验在分析废弃印刷电路板的结构和材料结合方式基础上，选择二级破碎使其中的金属与非金属材料充分解离，采用筛分和显微镜观察的方法来分析电路板上不同材料的解离特性，得出线电板的破碎解离规律。

12.3.3　金属分离器原理

（1）工作步骤

待检物料通过检测系统、分离系统剔除金属杂质，得到干净物料。检测和分离过程是：检测系统感应到有金属通过时，立即将此信号传送给控制系统，控制系统分析采集到的信号，对该信号进行分析处理，并发出执行指令到分离系统。分离系统立刻启动分离装置，将含有金属颗粒的物料推到废料口，分离出去，干净的物料从正常出料口分出。

（2）检测系统

检测系统由信号发射和接收组成。在开始通电后产生稳定的高频磁场，如有金属（磁性金属和非磁性金属，如铁、不锈钢、铜、铝等）经过检测系统时，都会引起磁场的变化，从而产生金属感应信号。

（3）控制系统

控制系统由精密电源和嵌入式控制单元两部分组成。控制单元由精密采集处理电路和嵌入式处理芯片组成。采用闭环控制系统，适时监测、采集各系统反馈信号，进行分析处理，并驱动分离装置执行相应动作。

（4）适应特点

① 被检测材料特性：散料、干燥、流动性好。无长纤维，无电导性，颗粒尺寸＜8 mm。

② 安装：紧凑化设计，便于集成在加工场所的设备口。

③ 使用行业：自由落体的环境下，可用于橡胶塑料、食品加工、医疗及化工行业等特殊的剔除机构，能保证金属颗粒快速准确地分离。

④ 物料温度＜80℃，温度超过此范围，可选特殊高温选件。

金属分离器如图 12-3 所示。金属分离器的工作原理如图 12-4 所示。

图 12-3 金属分离器

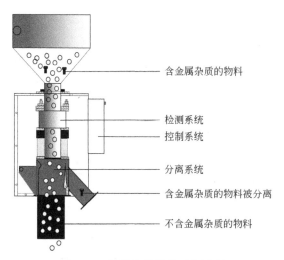

图 12-4　金属分离器的工作原理

物料标签（从上到下）：
- 含金属杂质的物料
- 检测系统
- 控制系统
- 分离系统
- 含金属杂质的物料被分离
- 不含金属杂质的物料

12.4　实验步骤

（1）将拆除电子元器件的废旧电路板放入粉碎机中粗碎，可反复破碎。

（2）破碎的样品放入金属分离器，进行塑料和金属分离。

（3）将分离后的样品清出称重，将标准套筛，按筛目由小至大的顺序安装在振筛机上（30 目、60 目、80 目、100 目、150 目），并将粉磨称重的物料加入位于顶部的标准筛中，开动振筛机筛分 3min；分别称取不同筛孔尺寸筛子的筛上产物质量，记录数据，了解破碎后的粉料质量分布情况。

（4）借助数码相机、显微镜等工具观察各个粒级物料的颗粒形状和金属解离状况。

12.5　实验结果与分析

12.5.1　注意事项

（1）一般情况下，面板和中框不必拆开，仅仅需要卸掉后盖。

（2）整个实验过程中注意安全，防止被废弃面板刮伤。

12.5.2 数据分析

（1）记录电子废弃物剪切破碎、分离和筛分的过程和现象。

（2）计算筛分机各筛的筛上粉体质量，作出分离后粉体的质量百分比与筛子目数的关系曲线。

（3）列出分离的筛分结果于表 12-1～表 12-4 中。

表 12-1 分离后塑料部分总质量

筛分目数/目	筛上质量/g

表 12-2 分离后金属部分总质量

筛分目数/目	筛上质量/g

表 12-3 金属部分的质量分布

筛分目数/目	筛上质量/g	质量分数/%

表 12-4 塑料部分的质量分布

筛分目数/目	筛上质量/g	质量分数/%

12.6 思考与讨论

（1）废弃电路板破碎的目的是什么？

（2）电路板的截面特性和结构特征是什么？

（3）破碎产物中金属和非金属材料具有不同分布特征的原因是什么？这对于金属和非金属材料的回收产生什么样的影响？

（4）采取什么措施可以减少电路板破碎过程中造成的污染？

（5）如何大面积推广电子废弃物资源化技术？你有什么好的建议？

⊙ 参考文献

［1］刘海春. 固体废物处理处置技术［M］. 北京：中国环境科学出版社，2008.

［2］张莉，余训民，祝启坤. 环境工程实验指导教程［M］. 北京：化学工业出版社，2011.

［3］钟文辉. 环境科学与工程实验［M］. 南京：南京师范大学出版社，2004.

［4］宋立杰，赵天涛，赵由才. 固体废物处理与资源化实验［M］. 北京：化学工业出版社，2008.

［5］宁平，张承中，陈建中. 固体废物处理与处置实践教程［M］. 北京：化学工业出版社，2005.

［6］赵由才，牛冬杰，柴晓利. 固体废物处理与资源化［M］. 第3版. 北京：化学工业出版社，2019.

［7］潘大伟，金文杰. 环境工程实验［M］. 北京：化学工业出版社，2014.

［8］汪群慧. 固体废物处理及资源化［M］. 北京：化学工业出版社，2004.